TRAITÉ

DE

L'ÉDUCATION DES VERS A SOIE

AU JAPON.

説新聲養

YÔ-SAN-SIN-SETS.

———

TRAITÉ

DE

L'ÉDUCATION DES VERS A SOIE

AU JAPON,

PAR SIRA-KAWA DE SENDAÏ (OSYOU).

TRADUIT POUR LA PREMIÈRE FOIS DU JAPONAIS

PAR LÉON DE ROSNY,

PROFESSEUR À L'ÉCOLE IMPÉRIALE DES LANGUES ORIENTALES.

———

PUBLIÉ PAR ORDRE

DE SON EXCELLENCE LE MINISTRE DE L'AGRICULTURE.

PARIS.

IMPRIMERIE IMPÉRIALE.

- - -

M DCCC LXVIII.

INTRODUCTION DU TRADUCTEUR.

A

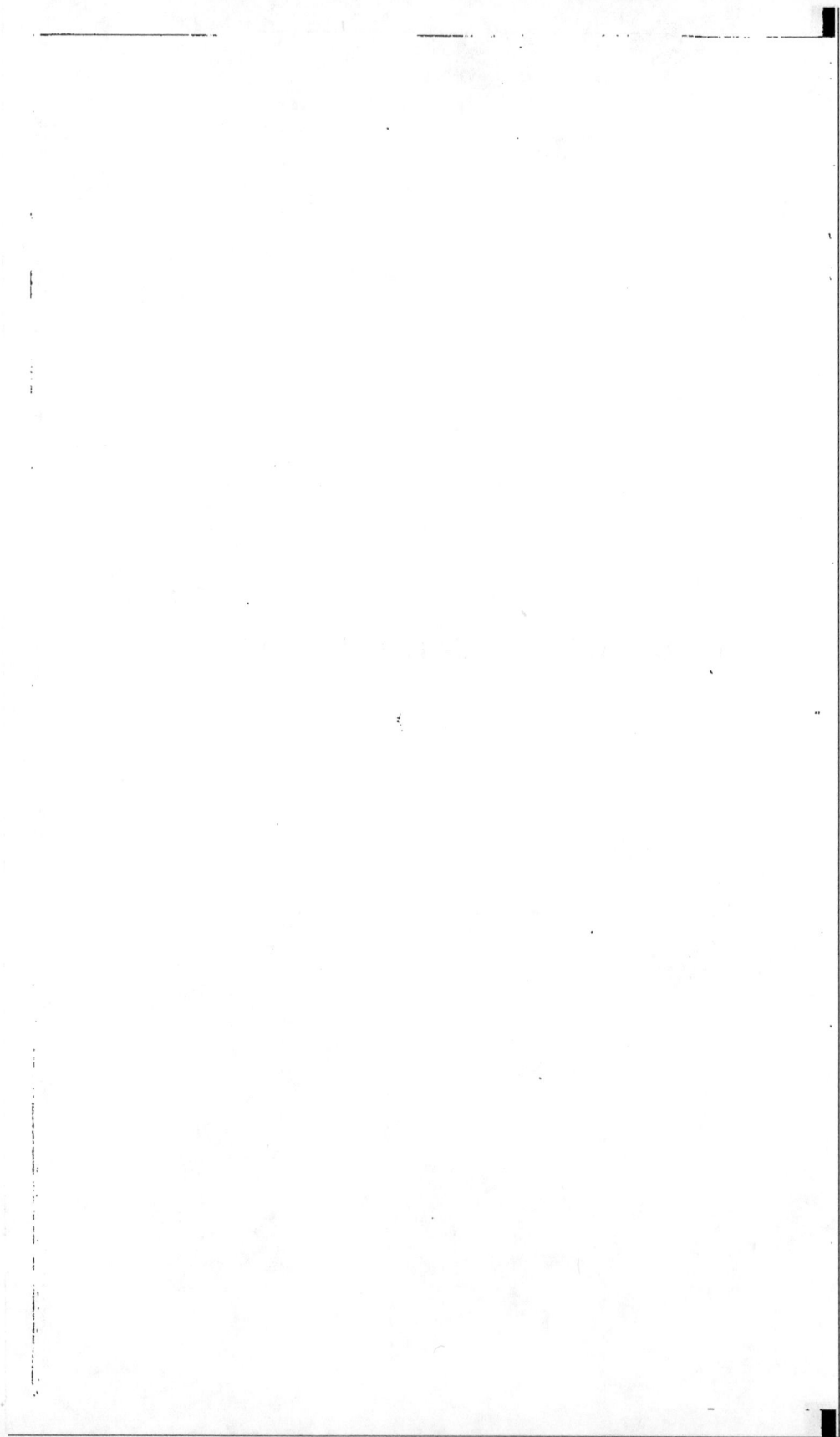

INTRODUCTION.

I.

A peu près inconnues en Europe avant le règne de Justinien (527-565 de J. C.), l'éducation des vers à soie et la culture du mûrier étaient pratiquées dans l'Asie orientale à une époque extrêmement reculée. Leur origine, célébrée par les historiens chinois, est reportée par eux jusque dans cette période des temps semi-historiques de leurs annales qui n'atteint guère moins de 3400 ans avant notre ère. A les en croire, en effet, du temps de *Foŭh-hï*, un siècle avant le déluge biblique, on savait déjà extraire la soie des cocons obtenus par l'élevage des vers, et l'impératrice *Si-lĭng-chí*, épouse du célèbre empereur *Hôang-ti* (2602 ans avant notre ère), ne dédaignait pas de s'adonner, au milieu de sa cour, à toutes les pratiques de cet art, ainsi qu'au tissage des étoffes dont le mérite de l'invention lui est attribué par l'histoire. En mémoire de cette utile découverte, Si-ling-chi fut placée par la postérité au rang des génies tutélaires de sa nation, et on lui éleva des autels où elle fut vénérée sous le titre de Génie des vers à soie. Sans rechercher quelle confiance il faut accorder à la doctrine des écrivains qui veulent reculer jusqu'au temps de Fouh-hi l'époque de cette heureuse découverte, on peut admettre néanmoins

Origine de la sériciculture.

A.

Origine
de la
sériciculture.

qu'elle date des premiers siècles de l'histoire de la Chine, car on la voit mentionnée dans les cinq livres canoniques du Céleste-Empire dont la haute antiquité a été établie d'une manière incontestable. Le chapitre *Yŭ-koŭng* du Livre sacré de l'Histoire[1], chapitre qui fut composé vers 2205 ans avant notre ère, parle de la plantation des mûriers et de l'éducation des vers à soie; et le chapitre *Pin-foŭng* du Livre sacré des Vers[2], ouvrage d'une antiquité non moins respectable, dit que l'on recueillait les feuilles dans le quatrième mois pour la nourriture des vers[3], et que les jeunes filles, portant à leur bras un élégant panier, allaient par des sentiers détournés cueillir les feuilles de mûrier. La connaissance des procédés pour le tissage des étoffes au temps de l'empereur *Yáo* (2357 ans avant notre ère) est confirmée par la mention dans les livres canoniques de la Chine d'un tribut de « trois cents pièces de soie, » envoyé à ce prince par les vassaux de son empire[4].

Chine.

L'art de la sériciculture, ainsi cultivé dès l'aurore de la civilisation chinoise, devint, pour l'émigration du fleuve Jaune[5], la source principale de la richesse du

[1] En chinois : *Choŭ-kĭng*.

[2] En chinois : *Chī-king*.

[3] Première ode.

[4] *Mémoires concernant les Chinois*, t. II, p. 107, n.

[5] M. Reinaud croit que le nom de *Ser*, qui en grec désignait la soie (Σήρ), était le nom même du fleuve Jaune. Cette opinion, basée sur un passage de Pausanias, peut être soutenue, mais elle ne ressort nullement des arguments de philologie chinoise cités par le savant orientaliste (*Relations commerciales de l'empire romain avec l'Asie orientale*, pp. 46-47. — Cf. le même ouvrage, p. 187).

pays; aussi les premiers empereurs en prescrivirent-ils
la propagation sur toute l'étendue du territoire qui leur
était soumis; et, pour en assurer le développement, vou-
lurent-ils que les grands de leur cour fussent les premiers à y participer. Une injonction formelle du Livre
sacré des Rites[1], en effet, appelle l'impératrice à s'adonner elle-même à cette noble occupation, et veut qu'au
3e mois du printemps cette princesse, après s'être pu-
rifiée par le jeûne et par un sacrifice au Génie des vers
à soie, aille cueillir en personne du côté du Levant les
feuilles de mûrier. Les dames de sa suite et les femmes
des grands officiers de la couronne doivent abandonner,
à ce moment, le soin de leur parure, et leurs suivantes
renoncer à leurs occupations habituelles pour s'occuper
exclusivement de l'éducation séricicole[2]. D'âge en âge,
les souverains de la Chine ont rappelé par des décrets
ces sages préceptes à leur cour et à leurs sujets; et cette
haute protection a encouragé sans relâche l'art qu'ils
considéraient comme le plus propre à moraliser le
peuple et à éteindre le paupérisme dans l'empire[3].

La Chine s'est ainsi trouvée de bonne heure à la tête

---

[1] En chinois : *Li-ki*.

[2] Une fois l'éducation terminée, on répartit les cocons entre les
dévideuses et on pèse la soie qu'elles en ont retirée afin de juger du
mérite de chacune d'elles. Cette soie est employée pour faire les vêtements usités dans le temple du *Cháng-ti* ou Être suprême et dans le
temple des Ancêtres. Voy. *Li-ki*, chap. Youeh-ling (Attributs des
mois), et la traduction de l'abbé Callery, dans les *Memorie della Reale
Accademia delle scienze di Torino*, 2e série, Sciences morales, philos.
et philol. t. XV, p. 25-26.

[3] Voyez, sur ces décrets publiés dans les différents siècles par les

Chine.

d'une industrie qui devait acquérir chaque jour une importance plus considérable, et attirer successivement sur ses marchés les négociants des principales contrées du globe. Néanmoins, le caractère soupçonneux du gouvernement chinois l'empêcha pendant longtemps de tirer tout le parti possible de cette précieuse industrie, et de continuels efforts furent faits pour laisser les nations voisines dans l'ignorance de ses ressources et de ses secrets. C'est ce qui explique pourquoi l'existence des tissus de soie était ignorée en Occident bien des siècles après leur emploi journalier chez les Chinois, et pourquoi l'insecte séricifère, aussi bien que l'art d'en dévider les fils, ne fut connu de nous que de longues années après l'arrivée des premières soieries orientales en Europe[1].

Il n'entre pas dans le cadre de cette Introduction d'exposer la question si curieuse et si importante à plus d'un titre de l'histoire de la propagation de la soie de Chine dans les différentes contrées du monde occidental. Cette question, qui a d'ailleurs été traitée récemment par une main de maître avec tous les déve-

---

empereurs de la Chine, M. Julien, *Résumé des principaux traités chinois sur la culture des mûriers*, p. 71 et suiv.

[1] Cf. Allom and Wright, l'article intitulé « China, in a series of views », dans le *Chinese Repository* (Canton, 1847), p. 226 ; Reinaud, *Relat. commerc.* p. 49. — L'éducation du ver à soie ne commença à se répandre en Europe que dans le courant du VIe siècle de notre ère et ne fut introduite dans nos contrées qu'au retour des dernières croisades (1270). Voy. M. L. Reybaud (de l'Institut), dans le *Dictionnaire universel du commerce et de la navigation*, à l'article SOIERIES.

loppements qu'elle comporte[1], m'éloignerait trop longtemps en dehors du but réel de cet ouvrage. En revanche,
il me semble opportun, avant de rapporter ce que mes
études spéciales m'ont permis de recueillir dans les écrivains indigènes sur les origines et les progrès de la sériciculture au Japon, de rechercher les données encore
vagues et insuffisantes, je l'avoue, mais non moins intéressantes, qui peuvent exister sur l'introduction des
vers à soie et sur leur culture chez les différents peuples
du monde oriental. C'est ce que j'essayerai d'entreprendre
rapidement, en considérant la Chine, dont il a été ques
tion plus haut, comme le point de départ de cet exposé,
et en le continuant autant que possible selon l'ordre
chronologique ou géographique des contrées sur lesquelles il m'appartient de fixer un instant l'attention
du lecteur.

Le berceau de la sériciculture en Chine, si l'on s'ap-
puie sur l'autorité très-respectable du Livre sacré des
Annales[2], comprenait primitivement le pays de *Yên*[3],
situé au sud-ouest de la province actuelle du Chan-
toung; le pays de *Ts'ing*[4], qui répond à la partie nord-
ouest de la même province; le pays de *Sîu*[5], qui s'éten-
dait dans la partie sud du Chan-toung et dans une

---

[1] Par M. Ernest Pariset, dans son *Histoire de la soie*, dont il a paru
les deux premiers volumes (Paris, 1862-65, in-8°).

[2] *Choû-kîng.*

[3] En chinois : 尭 *yên.*

[4] En chinois : 青 *ts'ing.*

[5] En chinois : 徐 *sîu.*

Chine.

portion septentrionale du Kiang-sou ; et enfin le pays de *King*[1], qui forme aujourd'hui la province de Hou-kouang. Ce territoire, fort limité si on le compare à l'étendue actuelle du Céleste-Empire, avoisine de très-près la péninsule de Corée, où nous retrouverons tout à l'heure l'art séricicole, et fait face à l'île japonaise de *Kiou-siou*, où la civilisation du Nippon paraît avoir pris son essor environ six ou sept siècles avant l'ère chrétienne.

La mention de la soie, comme nous l'avons dit, se retrouve jusque dans les textes chinois de la plus haute antiquité. C'est aussi dans ces textes que nous retrouvons le mot qui est successivement passé dans presque toutes les langues du monde pour désigner les fils du précieux lépidoptère nourri par les feuilles du mûrier. Ce mot, prononcé actuellement *ssē*, qui se rend dans l'écriture idéographique par un caractère[2] composé de la clef de la soie,[3] répétée deux fois, et dont les Grecs ont fait σῆρ, pourrait bien donner lieu à des contestations, et cela d'autant plus que la langue chinoise présente de nos jours de très-nombreux homophones qui ouvrent libre carrière aux étymologistes aventureux, et que les indigènes du Céleste-Empire ne sauraient aujourd'hui comprendre à l'audition du mot *sse* qu'il s'agit de la soie, l'expression *tch'œôu-toûan*[4] étant communément en

---

[1] En chinois : 荆刂 *king*.

[2] 絲 *ssē*.

[3] 糸 *mĭh*.

紬緞 *tch'œôu-toûan*, « a general term for silk ». (Morrison.)

usage parmi eux pour désigner les fils des cocons du
bombyx mori, et le même mot pouvant exprimer également une espèce de toile fabriquée avec deux parties
de chanvre et une de soie[1]. Heureusement l'étude com-
parée des anciens dialectes chinois, si féconde d'ailleurs
en résultats philologiques et historiques, permet de lever la difficulté, en nous montrant le nom de la soie sous
la forme *sir*[2] dans le dialecte chinois archaïque usité
chez les Coréens[3].

Le caractère *mĭh*[4], qui est le signe le plus élémen-
taire de l'écriture idéographique de la Chine antique
pour désigner « la soie », représentait, suivant l'ancien
dictionnaire *Chouĕh-wén*, « des fils de soie[5] ». Je l'ai souvent retrouvé employé comme clef jusque dans les
inscriptions de la dynastie des *Tchœōu* (de 1134 à 256
avant notre ère), mais je n'ai pu le découvrir qu'une
fois sous la forme deux fois répétée du signe désignant
la soie[6].

[1] 繩 *ssĕ* « tela cujus duæ partes sunt ex cannabe et una ex serico. »
(Basile.)

[2] En écriture alphabétique coréenne : 슬 *sir*.

[3] C'est le même mot qui a produit la racine du mongol *sirkek* et
du mandchou *sirghé*, mots qui désignent également l'un et l'autre
« la soie ». (Voy. Klaproth, *Journ. asiat.* II, 243.)

[4] 糸 *mĭh*.

[5] En écriture antique *tchoūen*, on lui donnait la forme 𣪊 qu'il
conservait sans altération dans tous ses composés. (Voy. le dict. *Loŭk-
choŭ-t'ōung*, clef cxx.) Sa forme archaïque, suivant la « Loi du caractère » de l'empereur Kang-hi, était 𢆶 (*K'āng-hī-tszé-tĭen*, cl. cxx).

[6] Voy. l'inscription du trépied de l'époque des *Tchœou* désigné

Chine. Quant au nom primitif du ver à soie en Chine, il ne présente pas les mêmes difficultés, et il y a lieu de croire que le mot actuel *ts'án*[1], prononcé originairement *san*, a été usité de tout temps par les indigènes du Céleste-Empire.

Corée. Des divers pays qui avoisinent l'empire chinois, la Corée paraît avoir été le premier à apprendre l'art de dévider le fil des cocons du *bombyx mori*.

La célèbre encyclopédie de *Mà Toŭan-lín*, intitulée « Examen général des écrits et des sages », nous apprend que l'art d'élever les vers à soie fut introduit dans le pays de *Tch'âo-sïen* (en **Corée**), par *Kī-tszè*, au douzième

sous le nom de *Tchœŏu-ssĕ-kiŭ-foŭ-tìng*, dans le recueil épigraphique chinois intitulé *Siao-t'áng-tsĭh-kŏu-lŏh*, fol. 19 v°, où le signe 絲 « soie » est tracé 𢇻. Dans le même recueil, que j'ai parcouru avec attention d'un bout à l'autre pour éclaircir le problème en question, j'ai retrouvé souvent l'élément primitif du signe « soie »; mais, à l'exception du cas cité plus haut, il s'y montre toujours combiné avec d'autres signes qui lui retirent toute idée de matière textile, de tissu ou de vêtement. Voy. cependant, pour l'étude de la forme archaïque du caractère 糸, le recueil cité ci-dessus, 1re partie, fol. 7, 13, 15, 17, 26; 2e partie, fol. 8, 21, 22, 24, 31, 53 et passim. — Aucun caractère dans la composition duquel entre le signe de la soie ne figure dans la célèbre inscription érigée par le grand Yu sur le mont *Hēng-chăn* en commémoration de l'écoulement des eaux diluviennes. Cette inscription est, comme l'on sait, une des plus anciennes que possède l'archéologie chinoise.

[1] En écriture idéographique 蠶, 蠶 ou vulgairement 蚕蚕. Le caractère 蚕 est communément employé, mais à tort suivant le dictionnaire *P'ïĕn-hăï*, comme synonyme du précédent.

siècle avant notre ère et se répandit rapidement dans toutes les parties de la péninsule. Les habitants de l'état de *Mà-hán*, notamment, connaissaient cet art et savaient fabriquer des tissus de soie[1].

L'extrême difficulté des relations avec la Corée n'a pas permis aux Européens d'obtenir des données quelque peu précises sur la méthode et le développement de la sériciculture dans cette péninsule; et les livres chinois ou japonais qui pourraient nous éclairer à cet égard sont d'une extrême sobriété de renseignements sur la matière. Seule, la relation de l'ambassade envoyée en Corée par le gouvernement chinois, dans les années *Sioûen-hô* (1119-1120) sous la dynastie des Soung[2], nous fournit quelques détails sur les vêtements des différentes classes de fonctionnaires indigènes. Nous y voyons que depuis l'époque où l'empereur de Chine Wou-wang[3] eut établi *Kî-tszè* prince du Tchao-sien, l'éducation des vers à soie[4], introduite dans les campagnes, répandit dans le pays l'usage des soieries pour l'habillement du roi et des princes. Ces soieries, teintes de diverses couleurs, étaient souvent ornées de broderies variées ou même brochées d'or. Le roi de Corée portait ordinairement un haut bonnet en étoffe de soie noire et légère de l'espèce appelée *kim*[5]; il était vêtu d'une robe

---

[1] *Wén-hien-t'ôung-k'āo*, livre cccxxiv, fol. 6 et 10.

[2] *Siouen-hô-foàng-ssè-kāo-li-t'où-king*, livr. vii, fol. 1 et passim.

[3] Ce prince régnait en Chine de 1134 à 1116 avant notre ère.

[4] Le ver à soie se nomme en coréen 누에 *nou'é*, et les cocons 고티 *ko-ti*.

[5] En coréen : 깁 *kim* « gaze ».

Corée.

à manches étroites en soie jaune clair[1] et avait une ceinture en soie violette de l'espèce appelée *kip-la*, au milieu de laquelle se trouvaient des broderies d'or et de pierres précieuses[2]. Les grands et les principaux officiers de sa cour, ainsi que leurs femmes, étaient également vêtus d'habits confectionnés avec diverses espèces de soieries qu'on retrouve encore, pour la plupart, de nos jours dans la péninsule de l'extrême Orient[3].

Annam.

L'éducation des vers à soie se retrouve, plus ou moins développée, dans presque toutes les parties de l'empire d'Annam, où elle a été introduite au troisième siècle avant notre ère[4].

Tongkin.

Au Tongkin notamment, la sériciculture compte parmi les branches les plus importantes de l'industrie

[1] En coréen : 샹 *syang*.

[2] *Siouen-hoi-foung-ssè-hao-li-t'ou-king*, fol. 1 v°.

[3] Voici l'énumération des principales espèces de soieries qu'on rencontre chez les Coréens : soie, coréen : 실 *sir*. — Soie crue, 실혈 *sir-hyœr* ; — soierie, 깁 *kip* ; — brocart, 반단 *patan* ; — damas, 장단 *tsang-tan* ; — satin, 비단 *pitan* ; — taffetas, 룽 *roûng* ; — marceline, 어르누글 *'œroûnoukoûr* ; — gaze, 김 *kim* ; — crêpe ridé, 주사 *tsou-sa* ; — soie légère, 깁라 *kip-la* ; — soie à fleurs, 화쥬 *hoûa-tsyou* ; — popeline (soie et coton), 면쥬 *myœn-tsou*.

[4] Il paraît toutefois que l'éducation des vers à soie a été par moments abandonnée en Cochinchine, car l'ouvrage chinois *Tä-ming-yih-t'òung-tchi* (cité par la grande Encyclopédie japonaise, livr. XIII, fol. 80 v°) dit que « ce royaume ne possède ni soie ni cocons (其國 無絲繭。)».

ニクﾚ丨 一

locale [1]. Une vieille relation allemande [2] rapporte que l'on trouvait beaucoup de soie dans ce pays, et que la compagnie des Indes néerlandaises y avait établi des factoreries qui chargeaient chaque année deux ou trois vaisseaux de soie écrue et de soie ouvrée pour les transporter au Japon. Le mûrier est en effet cultivé en grand dans la plupart des localités du Tongkin et de la Cochinchine, notamment dans les environs de la capitale; et il n'y a guère de paysan qui n'en plante quelques pieds autour de son habitation pour servir à la nourriture des vers [3]. Néanmoins, la soie de la Cochinchine, et même celle du Tongkin qui lui est supérieure, sont notablement inférieures à celle de la Chine.

Dans un grand nombre de provinces de la Cochinchine méridionale, les paysans se livrent à la sériciculture [4], et dans quelques localités la fabrication des soies a acquis une certaine importance. Dans le pays de *Gia-din*, on fabrique des étoffes de soie et de coton, ainsi qu'une espèce d'étamine de soie appelée *luang*. Le district de *Phuœk-an*, qui fait partie de la province de *Bien-hoa*, produit des tissus de qualité supérieure; et

---

[1] La grande Encyclopédie japonaise cite notamment, parmi les principales productions de ce pays: la soie jaune (*hokken*), le taffetas (*rinsou*), le crêpe (*tsirimen*), le velours (*birôdo*), et diverses autres espèces de soieries (*Wa-han-san-saï-dzon yé*, livr. XIII, fol. 30 r°).

[2] J. J. Merklein, *Beschreibung alles was sich auf unserer neunjährigen Reise täglich begeben und zugetragen*, p. 1061.

[3] John Crawfurd, *Journ. of an Embassy to the court of Cochinchina*, t. II, p. 263.

[4] Bouillevaux, *Voyage dans l'Indo-Chine*, p. 128.

Cochinchine. les tisserands de cette dernière province sont réputés pour leur talent dans la fabrication de l'étoffe dite *luœng-den*, ou étamine de soie noire[1].

Ajoutons que, suivant la grande Encyclopédie japonaise, il existe au nord-ouest de la Cochinchine un pays désigné par les géographes chinois sous le nom de pays des Barbares rouges, dont les habitants s'enveloppent le corps de pièces de soie et s'entourent la tête d'une sorte de turban de soie rouge qui les fait ressembler à des Musulmans[2].

En cochinchinois, la soie se nomme *tœ* et le ver à soie *tăm*[3].

Kamboge. Au Kamboge, la sériciculture ne paraît pas avoir beaucoup prospéré depuis 1295, époque à laquelle remonte la relation chinoise que nous possédons de ce pays sous

---

[1] Aubaret, *Hist. et Descript. de la Basse-Cochinchine*, p. 306.

[2] *Wa-kan-san-sai-dzou-yé*, section ethnographique, livr. XIV, fol. 2.

[3] En annamite, on emploie pour désigner « la soie » les mots suivants : 縷 *lụa*, 絲縷 *tœ-lụa*, 縷羅 *lụa-là*, 紗 *tiá*, 絹 *qouién*, 縷絹 *lụa-quonién*, 繞 *ñiếou*, 繰 *thao*, 縷繰 *lụa-thao*, 絲 *gié*, 錦 *gấm* ou 錦紗 *gấm-tioũ* « soie ornée de dessins de couleurs variées »; 白絹 *bạch-qouién* « soie blanche »; 絲䯏 *gié-rách* « soie de Chine »; — 紗 *sa* « gaze »; — 紫 *tiá* « espèce de soie noire et brillante »; — 縷苔 *lụa-dáy* « espèce de soie grossière »; — 縷豆 *lụa-dậou* « espèce de soie du pays », etc.

le titre de *Tchīn-lăh-foūng-t'òu-kí*. Il n'y a pas longtemps, Kamboge.
dit l'auteur de cette relation, que des Siamois, étant
venus s'établir dans ce pays, ont voulu s'occuper de
nourrir des vers à soie et de planter des mûriers qu'ils
avaient fait venir de Siam. Quand les Siamois veulent
des soieries, ils les tissent eux-mêmes et en font des
habits de couleur noire [1].

En kambogien, la soie se nomme *sot*.

Il ne paraît pas que les Siamois aient connu l'art de Siam.
dévider les cocons et de fabriquer les tissus de soie [2]
avant les premières années du viie siècle de notre ère,
et encore cet art demeura-t-il toujours dans l'enfance
au milieu d'eux. Anciennement, les marchands japonais se rendaient en grand nombre dans le royaume de
Siam [3], où ils apportaient des soieries et divers autres produits de leur industrie qu'ils n'échangeaient guère que
contre des matières ou substances non ouvrées. A la fin
du xviiie siècle seulement, les relations avec la Chine
étant devenues fréquentes, le commerce de la soie prit
une certaine extension. De nos jours, il est de nouveau

---

[1] Abel Rémusat, *Nouveaux mélanges asiatiques*, t. 1, p. 142.

[2] La soie ouvrée est désignée en siamois par les mots ㅤㅤ *p'rë*, ㅤㅤ *p'à-p'rë* ou ㅤㅤ *p'rë-p'răn*. Elle se nomme en lao : *mon*; — en pégouan : *sont* (cp. le malay سوترا *soûtra*) ; — en malay de Champa : *stro*; — en pali : *kosiya* (cp. le sanscrit कौशेय *kau-séya*); — en chong : *preh*.

[3] *Wa-kan-san-saï-dzou-yé* (Encyclopédie japonaise), section ethnographique, livr. xiv, fol. 5 v°. — Cet ouvrage, qui cite l'indienne
(jap. *sarasa*) et le coton (jap. *momen*) parmi les produits du royaume
de Siam, ne mentionne pas la soie.

Siam.

retombé en oubli dans presque toutes les localités du royaume où l'on s'y adonnait jadis. Là où se retrouvent encore quelques élevages et de modestes manufactures, on ne rencontre que des femmes pour s'occuper des travaux qu'ils exigent. Aussi les produits siamois sont-ils d'ordinaire fort grossiers et très-inférieurs à ceux que produisent, dans des conditions analogues, les îles de Java et de Célébès[1]. L'art de la teinture n'est guère plus avancé au Siam, et les procédés d'impression des tissus de soie y sont tout à fait ignorés.

Barmanie.

Lao. — Kyen.

En Barmanie, on fait également le commerce de la soie, mais les produits indigènes sont de médiocre qualité. Les *Chan*, ou peuple de Lao, et les *Kyen* y importent de la soie écrue et ouvrée qui est inférieure à celle de la Chine, mais qui l'emporte sur celle du Pégou, dont on vend, dans le pays d'Awa, d'assez grandes quantités préparées à Lain et à Chwegyen. Les principales localités pour la manufacture des vêtements de soie sont Awa, Montchabo, Pakokho, Pougan et Chwedaong. Les plus belles soieries sont faites à Awa, ou plutôt à Amarapoura (ancienne résidence royale), où l'on emploie de la soie écrue chinoise comme matière première. Les étoffes les plus communes sont tissées à Chwedaong avec des soies de production pégouane. Les femmes sont, là comme dans la plupart des contrées de l'Indo-Chine, chargées du tissage des étoffes généralement grossières, mais durables. Suivant Crawfurd[2], à qui j'emprunte en partie

[1] Crawfurd, *Journ. of an Embassy to the court of Siam*, t. II, p. 23.
[2] *Journal of an Embassy to the court of Awa*, t. II, p. 102.

les détails qui précèdent, les soieries fabriquées par Barmanie les Kyen sont d'une texture beaucoup plus fine et meilleure que celles des Barmans,. leurs maîtres et leurs supérieurs en civilisation. Elles consistent en riches écharpes cramoisies ou en châles étroits parfois brodés d'or et qui ne manquent pas de beauté[1].

On a vu plus haut que les produits de certaines ma- Archipel d'Asie. nufactures de l'Archipel d'Asie, suivant l'autorité du savant voyageur Crawfurd, étaient considérés comme supérieurs aux tissus des Siamois. Il ne paraît pas toutefois que la sériciculture ait été jamais pratiquée en grand parmi les nations indigènes de la Malaisie; et, de nos jours, il serait sans doute très-difficile de rencontrer une seule magnanerie dans cette région. La température élevée de la plupart des îles de l'Océanie, d'un côté, et le caractère insouciant des naturels, de l'autre, donnent tout lieu de croire que le ver à soie n'y est point l'objet d'une éducation sérieuse[2]. Du reste, les noms donnés par les insulaires à ce bombyx et à

---

[1] En barman, « soie » se dit : ပိုး။ po; — « vers à soie », ပိုးကောင်။ pokoung; — « fil de soie », ပိုးချည် po : k'yi; — « étoffe de soie » : ဝါ။ 'pè; — « velours », ကတ္တီပါ kattipa; — « drap de soie », ပိုးပုဆိုး။ po : pots'o; — « soie sauvage », ဖိကော။ môngkâ; — murier », ပိုးစာပင်။ potsàpen (vulg. po : tsâbeng).

[2] Je dois ce renseignement à une obligeante communication du savant professeur de l'École spéciale des langues orientales, M. l'abbé Favre, missionnaire apostolique, qui a longtemps vécu au milieu des populations océaniennes.

Archipel d'Asie. tout ce qui s'y rattache [1] révèlent en général une origine étrangère [2].

Inde. La question de savoir si les anciens Indiens ont connu l'art d'élever les vers à soie et d'extraire de leurs cocons les fils que les Chinois ont employés de toute antiquité pour la fabrication de leurs plus belles étoffes a préoc-

---

[1] En malay : سوتر‌ا soûtra «soie»; — بنغ سوتر benang soûtra «fil de soie»; — كاين سوتر káin soûtra «soie en pièce»; — اطلس atlas ou انتلس antelas «satin»; — قدنذغ padindang «taffetas»; — بيلودو beldouá ou بلدوا biloûdoú* «velours»; — هولت سوتر houlat-soûtra «vers à soie»; — اندغ هولت سوتر indouñg houlat soûtra «cocon» (litt. «nid de vers à soie»); — كرتو krataoú «mûrier».

En javanais : soûtra «soie»; — oular-oular soûtra «fil de soie»; — pañgañggo soûtra «soie en pièce»; — kesting «satin»; — padendañg «taffetas»; — baloudrou «velours»; — ouler soûtra «vers à soie»; — indouñg ouler soûtra «cocon»; — krataou «mûrier».

En boughi : OΓ⅄ sabek «soie»; — wœna sabek «fil de soie»; — lipa sabek «soie en pièce»; — antalasa «satin»; — padœdang «taffetas»; — weloudouk «velours».

En havaïyen : hoéhoé «soie» ; — méa-hoéhoé «tissu de soie» (litt. «substance de soie»).

[2] «Aux îles Philippines, dit M. le comte de Montblanc, on fabrique un peu partout des tissus de coton, de fil d'ananas et de soie.» (Les îles Philippines, p. 66-67.)

* Ce mot, ainsi que le mot correspondant en japonais : ビロウド birôdo, tire son origine du portugais velado.

cupé le monde savant, qui attache avec raison une importance considérable à ce curieux problème de l'histoire
du commerce asiatique. La mention de la soie dans
quelques passages du poëme épique le *Rámáyana*[1] a
soulevé à cet égard une discussion qui ne me paraît pas
avoir abouti à des résultats définitifs; et il est nécessaire, je crois, de revoir avec soin les pièces chaque jour
plus nombreuses de cet intéressant procès scientifique,
avant de pouvoir dire, avec M. Pariset, que, dans l'antiquité, « l'Inde n'avait ni soie, ni étoffes de soie[2] ».

Le mot *kauséya*[3], que les indianistes sont d'accord
pour traduire par « soie », vient de *kosa*[4], mot dont on
donne plusieurs explications différentes, entre autres
celles de « cocon » et de « œuf ». Non-seulement on le
rencontre dans le *Rámáyana*, mais encore dans les Lois
de Manou, dans le *Mahâbhârata*, dans l'ouvrage du célèbre grammairien Pânini[5], et dans d'autres livres également fort anciens, bien que datant d'une époque moins
reculée que ceux que je viens de citer. Or, y a-t-il quelque doute sur le véritable sens du mot *kauséya*, dans
ces monuments des vieux âges de l'Inde? C'est ce que
nous allons examiner, en nous efforçant toutefois de ne
pas nous étendre au delà des bornes qui doivent être
assignées à ce débat dans notre Introduction.

---

[1] Notamment part. II, chap. xxxii, sl. 16; III, xlix, 44; V, xxii, 30.

[2] *Histoire de la soie*, t. I, p. 28.

[3] Sanscrit : कौशेय *kauséya*.

[4] Sanscrit : कोश *kosa*. On donne pour racine primitive de ce mot, कुश् *kous* ou कुच् *kouch* « provenir, sortir de », latin : « extrahere ».

[5] *Pânini Soûtra-vritti.*

La première mention de ce mot dans les Lois de Manou se trouve, je crois, dans le passage suivant[1] : « On purifie les étoffes de soie ou de laine avec des terres salines [2] ». Le texte est clair et précis, mais le commentaire de Koullouka bhaṭṭa sur ce passage l'est encore davantage. Suivant ce célèbre commentateur, qui fait autorité dans l'Inde, le mot *kauséya* signifie « un vêtement fabriqué avec le cocon d'un ver [3] ».

Une seconde mention de la soie se rencontre dans le passage suivant[4] du même ouvrage : » Si l'on a volé des vêtements de soie, on renaît perdrix ; une toile de lin, grenouille ; un tissu de coton, courlieu [5] ». Dans cet endroit encore, le commentateur indien que nous venons de citer explique le mot *kauséya* par « un vêtement fabriqué (formé) avec le cocon d'un ver [6] ». Remarquons, en passant, qu'il fallait sans doute que les vêtements de soie fussent déjà bien répandus dans l'Inde pour que le législateur ait jugé à propos de mentionner dans son code un châtiment pour ceux qui les déroberaient.

Pânini et ses commentateurs ne sont pas moins explicites. Une glose du livre IV [7] du *Soûtra-vṛitti* de cet auteur explique à son tour le mot *kosa* par « vêtements

---

[1] *Mânavadharmasastra,* **v,** 120.

[2] Traduction de Loiseleur-Deslongchamps, p. 185.

[3] En sanscrit : कौशेय । कृमिकोशोद्भवं वस्त्रं ।

[4] *Mânavadharmasastra,* xii, 64.

[5] Trad. de Loiseleur-Deslongchamps, p. 448.

[6] En sanscrit : कौशेय = कीटकोषनिर्मितवस्त्रं ।

[7] Section iii, règle 42.

       Inde.

de soie [1] r. Il est vrai que le commentaire de Nîlakaṇ-
ṭha, s'appuyant sur l'autorité du vocabulaire *Médinîkô-
cha,* dit à propos du mot *kauséya,* cité dans un passage
de la grande épopée indienne le *Mahâbhârata* [2], qu'il
faut entendre par là un vêtement fait avec une trame
provenant de la plante *kouça* [3], et non de la soie, comme
le ferait croire une citation du savant dictionnaire sanscrit de MM. Roth et Bœhtlingk [4].

Malgré cette opinion, il me paraît résulter avec évi-
dence des passages mentionnés ci-dessus, et de plusieurs
autres, qu'il serait facile de leur joindre, que « la soie »
était connue et même répandue dans l'Inde plusieurs
siècles avant notre ère, et qu'on n'ignorait pas dans ce
pays qu'elle provenait des cocons d'un certain ver.
Faut-il maintenant en conclure également que les anciens Indiens connaissaient l'art de la sériciculture tel
qu'on le pratiquait en Chine, ou bien qu'ils se conten-
taient de filer la soie au lieu de la dévider ; ou bien encore qu'ils allaient chercher au delà de l'Himâlaya les
tissus précieux dont les grands et les riches faisaient
usage ? Ce sont là des questions qu'il est encore très-difficile de décider. La dernière hypothèse est néanmoins
la plus vraisemblable ; et, sans l'accepter d'une manière
absolue, il me semble résulter des données que nous
possédons que, quand bien même les Indiens auraient

[1] En sanscrit : कौशेयं वस्त्रं *kauséyam vastram.*

[2] *Mahâbhârata,* XIII, 4467.

[3] Poa cynosuroïdes (Sacrificial grass, suivant le Dictionnaire
sanscrit de M. Beufey).

[4] Au mot *KAUSÉYA.*

fabriqué des étoffes de soie, ces étoffes devaient être de qualité très-inférieure à celles de la Chine et très-insuffisantes pour alimenter le commerce de ces tissus qui se faisait avec l'Occident par la voie de la péninsule cis-gangétique. Cette explication d'ailleurs s'accorderait avec ce que nous dit d'Herbelot[1], suivant lequel l'Inde reçut des Arabes un nom qui signifiait « pays de passage [2] », parce que c'était par cette voie que les négociants se rendaient dans l'intérieur de l'empire chinois. En tout cas, il est, je crois, suffisamment établi que les Indiens employaient de toute antiquité, sinon la soie du *Bombyx mori*, du moins une soie extraite de diverses espèces de vers[3] qui se rencontraient dans leur pays et non ailleurs. Cette soie n'était peut-être pas à dédaigner, car le capitaine Jenkins, dont la compétence a été admise par d'habiles praticiens, assure que la soie du ver qui vit sur l'arbre *pipoul* (Ficus religiosa) est, sinon supérieure, certainement égale à celle du ver du mûrier[4].

Dans l'Inde dravidienne, la soie porte un nom[5] qui est d'origine purement méridionale et extra-sanscritique. On ne saurait cependant en conclure que la soie y fut obtenue par les indigènes à une époque reculée, car il

---

[1] *Bibliothèque orientale*, au mot HEND.

[2] En arabe : خبر *hábar* ou محبر *mahbar*.

[3] La première notice de ces vers a été donnée par le savant docteur Roxburg dans les *Transactions of the Linnæan Society*, t. VII.

[4] Helfer, *On the indigenous silkworms of India*, p. 40.

[5] En tamoul : பட்டு *pattou* « soie » ; ‖ பட்டுநூற்பூச்சி *pattounouṭ-poûtchi* « vers à soie » ; — பட்டுநூல் *pattounoûl* « fil de soie » ; —

ne paraît pas exister de mot tamoul pour exprimer l'idée
de *dévider*; et, parmi les périphrases employées pour
rendre ce mot, il n'y en a aucune qui s'applique exactement à l'opération de dévider les cocons[1]. Quant au
nom indigène du bombyx séricifère, il signifie « insecte
au fil de soie ». M. Vinson croit d'ailleurs que les Dra-
vidiens n'ont connu la soie que par les Aryas venus
pour les soumettre et les civiliser, et qu'ils l'ont connue
plutôt dévidée, c'est-à-dire à l'état de fil prêt à être tissé,
qu'à l'état de bourre.

Le Bengale a été très-probablement le premier pays
de l'Inde où la sériciculture et l'industrie des soieries
aient été introduites. Ses manufactures avaient acquis, il
y a plusieurs siècles, une importance considérable, et
les négociants chinois eux-mêmes venaient leur demander des étoffes pour être vendues dans leur pays. Jadis
on fabriquait dans cette contrée une gaze d'une grande
beauté, tellement légère que sa finesse était devenue
proverbiale. On raconte à ce sujet qu'un jour l'empereur
Aureng-Zeb réprimanda sa fille de ce qu'elle ne crai-
gnait pas de se présenter devant lui si peu vêtue, que

படுச்சீல *paṭṭoutchilæ* « étoffe de soie »; முக்கடைசெடி *moukkadæ-
tchédi* « mûrier ».

En télinga : పట్టు *paṭṭou* « soie »; — పట్టువవాలు *paṭṭou-
noùlou* « fil de soie »; — పట్టుబట్టు *paṭṭoubaṭṭu* « étoffe de soie ».

[1] Je dois ce renseignement à notre savant tamuliste français,
M. Julien Vinson, dont on connaît les beaux et intéressants mémoires
sur l'Inde dravidienne publiés dans la *Revue orientale* et dans les *Actes
de la Société d'Ethnographie.*

Bengale.

l'on apercevait non-seulement jusqu'aux moindres détails de ses formes, mais même la couleur de toutes les parties de son corps. La jeune fille s'empressa de lui répondre pour se justifier: « Mon père, je ne suis couverte de rien moins que de cinq pièces de gaze! »

Les soieries du Bengale ont d'ailleurs conservé en Asie une réputation méritée, et les satins qu'on désigne sous le nom de *kemkhouâb,* satins brochés d'or et d'argent, comptent parmi les plus belles étoffes de l'Orient. Les tissus de soie appelés *machroû,* dans lesquels il entre un peu de coton, sont très-recherchés des Musulmans, hommes et femmes, qui en font de très-jolis vêtements. Les kemkhouâb et les machroû les plus appréciés sortent des manufactures de Bénarès.

Goudjerât.

Le Goudjerât est également renommé pour ses soieries, parmi lesquelles on cite les *machroû* qu'on fabrique principalement à Surate, et d'autres espèces de tissus de soie[1] provenant des manufactures de Ahmedabad, Hougli, Tanna, Mandavie, Tatta, etc.

On cite enfin, dans plusieurs autres parties de l'Inde[2], des localités où l'industrie sérigène, longtemps négligée,

---

[1] Notamment les étoffes de soie ornées de fleurs d'or ou d'argent appelées en goudjerati કીનખાબ *kinkhâb* (pers. کم خواب); — les étoffes tissées avec un mélange de soie et de coton et nommées ગીગામ *gigâm;* — les soieries d'origine iranienne ગુલબદન *goulabdân* (pers. گلبدن, litt. «qui se rattache à la rose»); etc.

[2] En hindoustani : ریشم *récham* (persan) «soie »; — کیرا ریشمی *kírá-rechmí* (sanscr.-pers.), ou کیرم پیلا *kirm-pílá* (litt. «ver jaune »), ou پات کیرم *pât-kirm* «ver à soie ».

tend à acquérir de nos jours un certain développement, notamment Bombay, Mysore, Madras, etc.

Le ver à soie du mûrier a été introduit, il y a plusieurs siècles, du Bengale dans l'Assam, par les missionnaires de la foi hindoue. Son éducation y était exclusivement réservée à la caste inférieure des *djougis*, et l'usage des soieries y était interdit, si ce n'est au radja et à quelques grands du pays. Les personnes des classes supérieures pouvaient bien se livrer à la culture des mûriers et à tout ce qui se pratique en dehors des magnaneries; mais nul, s'il n'était djougi, ne devait, sous peine de dégradation, faire le service des vers ni toucher à la soie pendant qu'on la dévide. En outre, une femme de la famille pouvait entrer seule dans le lieu de l'élevage, et encore après s'être soigneusement lavé les mains et les pieds[1].

En dehors du ver à soie du mûrier, on exploite dans l'Assam plusieurs autres vers à cocons, notamment l'*éria*, le *mouga* ou *mounga*, le *kontkouri*, le *déo-mouga* et le *haumpottoni*, qui sont indigènes, tandis que le *bombyx mori* ne l'est vraisemblablement pas, les mûriers étant assez rares dans le pays et ne s'y rencontrant jamais à l'état sauvage.

Le ver à soie *éria* se nourrit principalement des feuilles du *héra* ou palma-christi, qu'il préfère de beaucoup au mûrier. A défaut de feuilles du palma-christi, on peut également lui donner celles de plusieurs autres

Goudjerât.

Assam.

---

[1] Thomas Hugon, *Remarks on the silkworms and silks of Assam*, p. 22.

Assam.

arbres [1], mais on n'obtient pas alors des résultats aussi satisfaisants.

Le *mouga* se nourrit aussi des feuilles de plusieurs arbres différents [2]. On peut en dire autant du *kontkouri-mouga* [3] et du *déo-mouga* qui affectionne le feuillage du *bar* ou figuier de l'Inde (*Ficus indica*). Quant au *haumpottoni*, il est très-commun dans l'Assam, où il mange indifféremment la verdure d'une foule de végétaux divers.

On exporte de l'Assam peu de soie de l'*éria;* mais celle du *mouga,* qui se teint aisément, est au nombre des principales exportations du pays, où elle acquiert de jour en jour plus de valeur [4]. Les cocons du mouga sont en effet très-beaux; ceux surtout qui proviennent de vers nourris avec des feuilles de *soum* ou de *sohalou* [5] sont à tous égards dignes de fixer l'attention des manufacturiers quand il y a disette de la soie provenant des vers du mûrier.

[1] Ces arbres, qu'on rencontre dans les forêts du pays et qu'on ne cultive pas, sont ceux que les indigènes désignent sous les noms suivants : *Kossoul,* herbe hindoue, *Mikirdal, Okonni, Gomarri, Litta-Pakori, Borzonolly.*

[2] Notamment les suivants : l'*Addakouri,* le *Champa* (Michelia), le *Soum,* le *Kontouloa,* le *Digloutti* (Tetranthera diglottica, Ham.), le *Patti chounda* (Laurus obtusifolia, Roxb.), le *Sonhallou* (Tetranthera macrophylla, Roxb.), etc.

[3] Outre les arbres mentionnés pour le ver précédent, celui-ci se rencontre souvent sur le *Bair* (Ziziphus jujuba) et sur le *Simoul* (Bombax heptaphyllum).

[4] Hugon, *Remarks,* etc. p. 34.

[5] W. Prinsep, *Memorandum upon the specimens of silk and silkworms from Assam,* p. 37.

Nous manquons jusqu'à présent de renseignements positifs sur l'histoire ancienne de la soie et des tissus de soie au Tibet, au Boutan et dans les contrées avoisinantes. Klaproth ne veut pas que ce précieux produit de l'industrie chinoise ait passé par ces pays pour arriver jusqu'aux Grecs, et il se fonde sur ce que le ver à soie se nommait en tibétain *dar-kou* et la soie *sing* ou *go-tchen-gi* « mots qui n'offrent aucune ressemblance avec le σήρ et le σηρικόν des Grecs [1]. Je ne sais où le savant orientaliste a puisé les noms qu'il cite ainsi à l'appui de sa thèse. Le mot tibétain pour désigner « la soie » est *dar* [2], d'où l'on a tiré *dar-skoud* « fils de soie » et tous les autres mots qui se rapportent à cette substance [3]. Or, il est aussi imprudent, dans l'état actuel de nos connaissances philologiques relatives aux peuples de l'Asie centrale, de contester que d'affirmer l'identité d'origine du tibétain *dar* et du coréen *sir* [4], d'où est venu le grec σήρ; la permutation du *d* en *s* (notamment par la voie du δ ou *th* anglais doux) n'a rien d'impossible, mais

---

[1] *Journal asiatique*, première série, t. II, p. 244.

[2] En tibétain : ད་ *dar* « soie ». Schrœter donne comme également en usage le mot དར་འིང་ *dar-'ing*.

[3] Notamment དར་གྱི་སྲིན་བུ་ *dar-gyi-srin-bou* « vers à soie »; — དར་ ཟབ་ *dar-zab* (litt. « soie profonde ») « soie supérieure »; — དར་བུ་ *dar-bou* « soie commune »; — དར་དམན་པ་ *dar-dman-pa* « soie commune »; etc. — Je dois ces renseignements philologiques à l'obligeance de M. Foucaux, le savant fondateur des études tibétaines en France.

[4] Cf. l'arabe خرير *harir*.

Tibet.

elle demande à être prouvée. Toujours est-il que le mûrier et le bombyx qui se nourrit de ses feuilles se rencontrent à l'état sauvage dans la région de l'Himâlaya[1].
Je dois ajouter cependant que, d'après l'autorité d'un
auteur chinois cité par un savant sinologue russe[2], on
ne fabrique point de tissus de soie chez les Tibétains, qui
les font venir de la Chine. Cette assertion a néanmoins
besoin d'être contrôlée, car le même auteur signale plus
loin, parmi les produits du Zang ou province occidentale du Tibet, les vers à soie, les taffetas, les velours, etc. [3]

Ladâk.

La sériciculture ne paraît pas exister au Ladâk, mais
ce pays a acquis de l'importance par le transit des soieries de la Chine que l'on envoie dans l'Inde. Parmi
ces marchandises, on cite notamment des velours, des
machroâ [4] ou vêtements de soie grossière, des soies écrues
et manufacturées[5], etc.

Kôtan.

L'introduction de l'industrie de la soie dans le pays
de Kôtan, situé à l'ouest de la Chine, remonte à
l'année 419 de notre ère [6]. «Jadis, dit la relation du
voyage du pèlerin bouddhiste *Hiouen-ts'àng* , ce pays ne
connaissait ni les mûriers ni les vers à soie. Le roi,

---

[1] Pariset, *Hist. de la soie*, t. I, p. 40 n. — Cf. le même ouvrage,
t. I, p. 35.

[2] Le père Hyacinthe Bitchourin, dans le *Journal asiatique*, 2ᵉ série, t. IV, p. 262.

[3] Le père Bitchourin, *libr. citat.* p. 302 .

[4] Ces soieries sont de trois sortes : 1° les *Bâdchâhi ;* 2° les *Altchim-
bar,* fabriquées à Altchi ou à Ilitsi ; 3° les *Kotani ,* fabriquées à Kotan.

[5] Major Alex. Cunningham, *Ladâk and surrounding countries,*
p. 242.

[6] Klaproth , *Mémoires relatifs à l'Asie*, t. II, p. 295.

ayant appris que le royaume de l'est (la Chine) en pos-
sédait, y envoya un ambassadeur pour en obtenir. A
cette époque, le prince du royaume de l'est les gardait
en secret et n'en donnait à personne, et il avait défendu
sévèrement aux gardes des frontières de laisser sortir des
graines de mûrier et de vers à soie. Le roi de *Kiu-sa-
ta-na* (Koustana), dans un langage soumis et respec-
tueux, demanda en mariage une princesse chinoise. Le
prince du royaume de Chine, qui avait des sentiments
de bienveillance pour les royaumes lointains, accéda
sur-le-champ à sa demande. Le roi de Koustana
ordonna à un ambassadeur d'aller au-devant de son
épouse et lui donna les instructions suivantes : « Par-
lez ainsi à la princesse du royaume de l'Est: Notre
« royaume n'a jamais possédé de soie; il faut que vous
« apportiez des graines de mûriers et de vers à soie;
« vous pourrez vous-même vous faire des vêtements pré-
« cieux. » — Après avoir entendu ces paroles, la princesse se procura secrètement des graines de mûriers et
de vers à soie et les cacha dans la ouate de son bonnet.
Quand elle fut arrivée aux barrières, le chef des gardiens
fouilla partout, à l'exception du bonnet de la princesse
qu'il n'osa pas visiter. Bientôt après elle entra dans le
royaume de Koustana et s'arrêta dans l'ancien pays où fut
élevé le couvent appelé *Loŭh-ché-k'ïa-lân.* La princesse
ayant laissé dans ce pays les graines de mûriers et de
vers à soie, au commencement du printemps on sema
les mûriers; et, quand l'époque des vers à soie fut ve-
nue, on s'occupa de cueillir des feuilles pour les nourrir. Dès le premier moment de son arrivée, *il fallut les*

Kôtan.

Kôtan. *nourrir avec diverses feuilles.* Mais après un certain temps les mûriers se couvrirent de feuilles touffues. Alors la reine fit graver sur une pierre un décret où il était dit : « Il est défendu de tuer les vers à soie. Quand tous les « papillons des vers à soie se seront envolés[1], on pourra « travailler les cocons. » Aussitôt après, elle fit construire ce couvent en l'honneur de la déesse des vers à soie. On voit encore dans ce royaume quelques troncs desséchés de mûriers que l'on dit provenir des premiers plants. C'est pourquoi ce royaume possède aujourd'hui des vers à soie, et personne n'oserait en tuer un seul. Si quelqu'un dérobe de la soie, l'année suivante il lui est défendu d'élever des vers à soie[2]. »

Pays tartares. Les populations tartares de l'Asie centrale, qui, pour la plupart, se trouvèrent de bonne heure en relation avec l'empire chinois, eussent très-probablement emprunté à ce pays l'art de la sériciculture si leurs habitudes nomades et vagabondes ne les avaient presque toujours détournées de ce genre d'occupation. La contrée habitée par les Ouïgours, notamment, est très-favorable à l'éducation des vers à soie dont elle nourrit une espèce sauvage avec les feuilles d'un *colutea*[3]; on pourrait en dire autant de quelques parties du pays d'Ili. Mais les Tar-

---

[1] Sans doute afin d'obtenir autant de graines que possible, on évitait d'étouffer les papillons dans leurs cocons.

[2] Julien, *Mémoires sur les contrées occidentales*, t. II, p. 238. — Ce curieux passage se trouve également dans l'*Histoire de la ville de Khotan*, d'Abel Rémusat (Paris, 1820, in-8°, p. 53).

[3] Voy. les *Mélanges de géographie asiatique* de M. Julien, pp. 91 et 113.

tares, avec leurs mœurs rudes et grossières, n'ont que *Pays tartares.*
faire des tissus de soie [1] : ils leur préfèrent de beaucoup,
pour se vêtir, la peau des quadrupèdes ou de certains
poissons [2].

Les khanats du Turkestan renferment des manufac- *Turkestan.*
tures de soieries parmi lesquelles il en est qui ont acquis une certaine réputation dans l'Asie centrale. En
Khivie, on tire la plus belle soie de Chahbad et de *Khivie.*
Yenghi-Ourgendj : on en fait une étoffe rayée de deux
couleurs et tissée de laine et de soie, dans laquelle on
taille des vêtements appelés *Ourgendj-tchapani.* Le tissu le
plus répandu, nommé *aladja,* est porté aussi bien par les
hommes que par les femmes. A Khiva, il est formé

---

[1] J'ai parcouru la plupart des notices relatives aux peuples tartares dans la grande Encyclopédie japonaise, et partout j'ai trouvé
l'indication de vêtements de ce genre pour ces peuples nomades.
(Cf. De Guignes, *Hist. des Huns,* t. I, 2ᵉ part. *pass.*)

[2] Les mots tartares usités pour désigner « la soie » sont empruntés
au chinois. En mandchou : ⟨script⟩ *sirghé* ou ⟨script⟩ *sitchin* « soie »;
— ⟨script⟩ *sientchéou* (chin.) « nom d'une étoffe de soie »; —
⟨script⟩ *ningtchéou* (chin.) « sorte de soierie de qualité inférieure
mais solide »; — ⟨script⟩ ⟨script⟩ *yin-ilk'a* ou ⟨script⟩ *dardan* « soie
ornée de petites fleurs de couleurs variées »; — ⟨script⟩ *wentchéou*
(chin.) « sorte de soierie ».

En mongol : ⟨script⟩ *chirghek* « soie »; — ⟨script⟩ ⟨script⟩
chirghek tomoko « filer la soie »; ⟨script⟩ ⟨script⟩ *sirgekto kikib*
« taffetas de Chine »; ⟨script⟩ ⟨script⟩ *paktcha kib* « écheveau de soie »;
⟨script⟩ *bomboultchab* « espèce de soie ».

En ouïgour : ⟨script⟩ *santchha* « soie »; — ⟨script⟩ ⟨script⟩
⟨script⟩ *altoun-louch-santchha* « étoffe de soie brodée d'or »; —
⟨script⟩ ⟨script⟩ *charchoumi-santchha* « étoffe de soie brodée

Turkestan.

d'un mélange de soie écrue et de coton; à Boukhara et
à Khokand, on le fabrique de coton seulement. La soie
écrue sert aussi de matière première pour le fameux

Samarkand.

papier des manufactures de Boukhara et de Samarkand,
papier très-apprécié des indigènes parce qu'il se prête
mieux que tout autre à l'écriture tâhliq.

Quant aux principales manufactures de tissus de
l'Asie centrale, elles sont presque toutes réunies à
Karchi, à Boukhara, à Namengan, à Khokand et à Yen-
ghi Ourgendj. On emploie également pour leur con-
fection la soie, le chanvre et le coton.

Asie occidentale.

Je regrette que le cadre nécessairement très-restreint
que doit avoir cette Introduction ne me permette pas
de reproduire ici une foule de renseignements curieux
que j'ai recueillis sur l'industrie sérigène dans diverses
autres parties de l'Asie orientale et sur l'histoire du
nom de la *soie* et des étoffes qui en proviennent
chez les différents peuples du monde asiatique.
Je me bornerai donc à mentionner rapidement les nations du Levant qui ont servi d'intermédiaire aux Chinois
pour l'importation des soieries en Europe; et, aussitôt
après, j'aborderai la question de la sériciculture au
Japon, objet principal de cet ouvrage.

de diverses couleurs»; — ⟨Syriac⟩ *tourchou* «étoffe de soie fine»;
— ⟨Syriac⟩ *tawar* «damas de soie»; — ⟨Syriac⟩ *mangloung*
«étoffes de soie ornées de dragons» (cf. le chinois 蟒龍 *màng-
loúng*).

Ajoutons à cette nomenclature les mots suivants empruntés au vocabulaire turc : ابيك *ipek* «soie»; — ابريشم *ebrichîm* (P.) «fil de
soie»; — بوجيي *bendjayï* «vers à soie»; — قطيفة *qadhyfè* «velours».

Perse.

La Perse fut un des premiers pays de l'Asie orientale qui connurent les étoffes de soie, et ses marchands nous apparaissent de bonne heure sur tous les marchés de l'Inde [1], où, grâce à la situation avantageuse de leur pays, ils ne tardent pas à supplanter leurs concurrents du golfe Arabique. Les Persans, en effet, se trouvaient dans des conditions exceptionnelles pour tirer le plus grand profit de cette importante branche de commerce; et, mieux qu'aucun autre peuple, ils étaient à même d'en obtenir le monopole à peu près exclusif en molestant ou en détruisant les caravanes qui, dans le but d'approvisionner l'empire Grec, se rendaient en Chine par les provinces septentrionales de leur pays [2].

Il est toutefois difficile d'établir d'une manière précise l'époque à laquelle remontent les premières éducations du *bombyx mori* chez les Persans; mais il y a lieu de croire qu'elles durent suivre de près l'introduction de cet art chinois dans le royaume de Kotan [3]. Toujours

---

[1] Les Persans tirèrent la soie de l'Inde avant de l'exporter directement de la Chine; il en fut de même des Arabes, qui donnèrent au ver à soie le nom de ةيدنهلا ةدودلا « ver indien ».

[2] Will. Robertson, *Histor. Disquisition concerning the knowledge which the Ancients had of India*, p. 94. Les provinces septentrionales de la Perse sont encore de nos jours infestées par les incursions des Turkomans, qui pillent les caravanes et se livrent à la traite des blancs. Les Boukares, qu'on compte au nombre de ces tribus de pillards, occupent le territoire même où vivaient les anciens *Asi*, peuples identifiés avec les Sogdiens (avec les Parthes, suivant Klaproth), et qui faisaient le commerce exclusif de la soie (Saint-Martin, *Mém. sur l'Arménie*, t. II, p. 43).

[3] Voy. ci-dessus, p. XXVIII.

c

est-il que des manufactures de soieries avaient acquis
déjà une grande importance dans l'Irân au iv° siècle de
notre ère[1], et que c'est de ce pays[2] que vinrent les deux
moines[3] qui apportèrent en 552 à l'empereur Justinien,
cachées dans des cannes de bambou, les premières
graines de vers à soie connues en Europe, et les firent
éclore suivant la méthode chinoise, en même temps
qu'ils nous apprenaient l'art de nourrir les vers avec des
feuilles de mûrier et de dévider leurs cocons pour obtenir des fils continus. Enfin, il paraît démontré que la
culture des mûriers avait pris de l'extension en Perse
au vii° siècle de notre ère et que la fabrication des soieries y était très-florissante à cette époque[4].

[1] On peut voir encore un spécimen de tissus persans de cette
époque dans un reliquaire au Mans, et un autre à Chinon, où il est
connu sous le nom de Chape de saint Mesme. Ch. Lenormant a
établi l'origine sassanide de ces étoffes d'après les dessins qui s'y
trouvent reproduits (voy. De Caumont, *Abécédaire d'archéologie*,
1854, p. 20). — Ajoutons que les vieilles chroniques persanes vantent
la finesse des étoffes du Chirwan, ainsi que la solidité des *zireh*
(cf. pers. ٨زره « cotte de maille ») formés d'un tissu singulier fabriqué
dans le Ghilân avec des cocons foulés comme du feutre, après qu'on
en a retiré la chrysalide. Voyez M. Chodzko, *De l'élevage des vers à
soie en Perse*, Paris, 1843, in-8°.

[2] Ou plus exactement de *Serhind*, ville située dans le pays actuel
des Sikhs.

[3] Théophane ne mentionne à cette occasion qu'un Persan, ἀνὴρ
Πέρσης; Zonare parle de deux moines, μοναχοὶ δὲ δύω τινες; Procope
enfin (*De bell. goth.* iv, 13) fournit les principaux renseignements
sur ce fait mémorable de l'histoire du commerce de la soie.

[4] Voy. M. Pariset, *Hist. de la soie*, t. II, p. 161 et *pass.* — Suivant le même savant, la Perse, ou plutôt la région montueuse qui
s'étend au sud et au sud-est de la mer Caspienne, est essentiellement

De nos jours, le mûrier croît à peu près dans toute la Perse, et le ver à soie y est cultivé un peu partout. Néanmoins, la véritable région séricicole se trouve sur la côte méridionale de la mer Caspienne, entre les embouchures de l'Araxe vers le sud-ouest et du Gourgan vers le sud-est, autrement dit dans le Chirwan, le Ghilan et le Mazendéran. La première de ces provinces appartient à la Russie; la seconde a perdu son importance par suite des continuelles déprédations de ses gouverneurs iraniens, et elle a vu de la sorte disparaître toutes ses plantations de mûriers. Le Ghilân et notamment les districts de Recht, de Foumèn et de Laïdjan dans cette province, sont devenus le centre de la sériciculture en Perse [1].

La soie appelée *milâni,* du nom du village de Milàne (près Tébriz), est célèbre par sa finesse et sa beauté. On cite ensuite la soie *éalo.* Parmi les tissus les plus renommés de la Perse, on vante surtout les brocarts (*zéréh*) d'Ispahân et les cachemires de soie (*tirménouma*) de Kachan [2].

La soie a dû être introduite à une époque assez reculée dans la région du Caucase, d'abord par les Chi-

Perse.

Caucase.

---

la patrie des cocons jaunes, qui, avec les cocons blancs propres à la Chine, constituent les deux types primitifs de toutes les variétés nuancées depuis l'orange jusqu'au blanc pur que l'on retrouve en Europe (*libr. citat.* t. I, p. 75).

[1] Voy. M. Alex. Chodzko, *loc. cit.*

[2] On fait usage en persan de toute une série de mots pour désigner «la soie»; je me bornerai à citer les suivants : رِشَم *richam* (cp. le

Caucase.

nois que Moyse de Khorèn nous montre au ii° siècle de
notre ère dans la Gordiène, c'est-à-dire dans les environs du royaume d'Arménie[1], ensuite par les Persans,
et enfin dans certaines localités par les Grecs. Le nom
géorgien de la soie[2] et l'un de ses noms arméniens[3] ré-

maratha रेशीम et le pendjabi *réshm*); بريشم ou بريشم *barichim*;

ابريشم *abrichim* (l'un des plus usités); — soie crue : قز *qez*;

كز *kez*; كج *kedj*, كجی *kedji* — velours : چكن *tchakan*. Ce mot, le
seul mot persan que j'aie rencontré pour désigner « velours », me paraît,
à proprement parler, indiquer seulement une étoffe riche ou ornée

de fleurs (cp. le persan چكين *tchikín*); les autres mots employés

pour désigner le velours sont empruntés à l'arabe; — damas de soie :

كلستانی *goulastàni*; — vers à soie : پيله *pileh*, كرم ابريشم *kerm-*

abrichim ou كرم پيله *kerm-pileh*; — mûrier : درخت توت *di-*

rakht-toút, تود *toúd*.

¹ Voy. Saint-Martin, *Mém. sur l'Arménie*, t. II, p. 22.

² En géorgien : აბრეჭუმი *abréchoumi*.

³ En arménien : աբրիշում *abrichoum* (*aberschoum*, suivant M. Du-
laurier; *aprcham*, suivant M. Brosset).

* M. Chodzko, qui cite ce mot comme l'appellation persane indigène des
vers à soie, y voit une inversion de *tchek* ou *tché-kiang*, nom d'une des provinces de la Chine les plus célèbres par leur production séricicole (*De l'élevage des vers à soie en Perse*, Paris, 1843, in-8°).

vèlent d'ailleurs une origine persane[1], tandis que l'autre nom arménien dérive du grec[2].

Plusieurs fois accueillie avec faveur par les populations caucasiennes, et plusieurs fois abandonnée par elles, la sériciculture redevint florissante en Mingrélie sous David, le dernier Dadian qui tourna ses vues de ce côté, soit pour augmenter le bien-être de ses sujets, soit aussi pour s'assurer une nouvelle source de revenus. De son temps, beaucoup de Mingréliens possédaient de petites magnaneries, et la soie qu'on en tirait était portée chaque année à la foire de Zougdid, où en 1847 et 1848 il s'en vendit un bon nombre de pouds (40 l. russes), ce qui permit aux indigènes d'acheter toute sorte d'objets qui leur manquaient pour le confort intérieur, tels que des étoffes, des objets en cuir, en verre, etc. Aux environs de Gaudja (aujourd'hui Élisavetpol), et plus loin à Chamakha, dans le Ghilàn, le commerce de la soie est très-florissant, et l'on y fabrique d'excellentes étoffes pour robes, des tapis brodés d'un grand prix, etc.[3]

Pendant longtemps, les Arabes et les Éthiopiens

Caucase.

Mingrélie.

Arabes.

---

[1] Cf. le persan أبريشم *abrichim*, d'où est venu l'arabe *ibrícham*.

[2] En arménien : *մետաքս métaks*, tiré du grec μέταξα. — Ajoutons que ce mot grec figure pour la première fois au IVᵉ siècle dans une loi d'Arcadius et d'Honorius, et qu'il se répandit ensuite dans toute la littérature byzantine. On le trouve également usité dans Nicolas Mirepsus.

[3] Je dois ces renseignements à l'inépuisable obligeance du savant fondateur des études géorgiennes en Europe, S. Exc. M. Brosset, de l'Académie des sciences de Saint-Pétersbourg.

furent les agents du commerce de la soie entre l'Asie orientale et l'Europe. Nous voyons en effet les marchands arabes se rendre d'un côté jusqu'aux ports de la Chine, après avoir formé des entrepôts dans l'île de Ceylan, et à l'extrémité méridionale de la presqu'île de Malâka (II* siècle)[1], et de l'autre atteindre jusqu'au cœur de l'Asie centrale, que sillonnaient leurs caravanes aventureuses. Le port chinois où ils s'approvisionnaient le plus des riches tissus du Céleste-Empire était *K'an-fou* (correspondant, suivant Klaproth, à la ville actuelle de Hang-tchœou-fou[2]); ce qui ne les empêchait pas d'aller demander des soieries à Canton, où ils se trouvaient en concurrence avec les Persans. Ce commerce direct avec la Chine fut interrompu au X* siècle par suite des vexations qu'eurent à subir à cette époque les marchands étrangers qui venaient trafiquer dans les mers de l'extrême Orient. Il ne fut cependant pas anéanti pour cela, les jonques chinoises ayant repris alors la route de la Malaisie, le détroit de Singapour, et gagné les ports de l'île de Java et jusqu'à ceux de l'île de Ceylan, où ils se rencontraient avec les bâtiments des diverses puissances maritimes de l'Occident. Plus tard, les conquêtes des Arabes sur le continent asiatique leur permirent de s'approvisionner

---

[1] Pariset, *Hist. de la soie*, t. II, p. 126. Suivant Reinaud, ce n'est que vers la fin du VII* siècle que les navires arabes et persans se décident à naviguer au delà de Ceylan et à gagner le détroit de Malâka (*Relat. polit. de l'empire romain avec l'Asie orientale*, pp. 280-287 et pass.).

[2] *Tableaux historiques de l'Asie*, p. 227. — Hang-tchœou-fou est située sur le Kiang à quelques journées de distance de la mer.

de soieries directement par la voie de terre, et le commerce maritime perdit beaucoup de son importance.

En allant chercher si loin les précieux tissus du *bombyx mori*, les Arabes avaient surtout en vue de rester intermédiaires entre les Chinois et les Occidentaux pour cette branche si lucrative de commerce; car la loi de Mahomet ne leur permettait pas de répandre ces produits luxueux parmi leurs coreligionnaires. La soie, étant l'excrétion d'un ver, ne peut former, aux yeux des Musulmans orthodoxes, que d'impurs vêtements; et les docteurs de l'islam ont décidé qu'un homme portant un habit entièrement tissu de soie ne pouvait pas régulièrement offrir à Dieu les prières journalières prescrites par le Coran[1]. Il faut dire qu'il y a, dans la doctrine du Prophète, comme dans bien d'autres doctrines religieuses, plus d'un passage qui permet des accommodements avec le Ciel; et s'il est défendu de porter, à proprement parler, des vêtements de soie, on peut faire usage de soieries en les appliquant à certaines parties spéciales de l'habillement, aux costumes militaires, à la toilette des femmes, à l'ameublement, sauf à mêler dans la trame les fils d'une étoffe permise[2]. D'ailleurs, cette même loi n'a-t-elle pas dit: « Qui peut défendre de se parer d'ornements que Dieu a produits pour ses serviteurs, ou de se nourrir des aliments délicieux qu'il leur accorde? Ces biens appartiennent aux

[1] Voy. d'Herbelot, *Bibliothèque orientale*, au mot HARIR.

[2] Voy. notamment M. Dozy, *Dict. des noms de vêtements chez les Arabes*, pp. 5, 6, 10, 155, 370, 372, 411, etc.

Arabes.

fidèles *dans ce monde*, mais surtout au jour de la résurrection[1] ».

On trouve dans les auteurs arabes trois mots différents pour désigner « la soie » : *harîr, qez, ibrîcham*[2]. Le premier est le seul qui paraisse purement sémitique[3]; le second, m'a dit M. de Slane, doit être le plus anciennement en usage; le dernier est d'origine persane. Ces mots néanmoins n'ont pas conservé dans le langage technique un sens absolument identique : *harîr* y désigne une sorte de soie écrue, de l'*ibrîcham* préparé; *qez* est aussi une espèce d'ibrîcham, ou bien la matière avec laquelle on fait l'ibrîcham.

Éthiopiens.

Les Éthiopiens, suivant Pausanias, entretenaient des relations suivies avec les Sères, dès les premiers siècles de notre ère; et Héliodore nous parle à son tour de ces relations au ive siècle. Procope, de son côté[4], nous apprend

---

[1] *Coran* (trad. de M. Kazimirski), vii, 30.

[2] حرير *harîr*. — قز *qez*. (Cf. le persan *kedj* ou *kédch*). — ابريشم *ibrîcham*. (Pers.) — Ajoutons à ces mots : دود القزّ *doûd el-qezz* « vers à soie »; — فيلجه *filjé* ou par corruption *fidjlet* (tiré du persan *pileh* « cocon »; — فرصاد *firsâd* « mûrier ».

[3] Ce mot, que nous rencontrerons tout à l'heure dans la langue éthiopienne et qui se retrouve en hébreu sous la forme חור *hoûr* (*Esth.* i, 6, et viii, 15) où il signifie « un vêtement de soie (?) blanche », se rattache à la racine חר « noble, libre », le blanc étant aux yeux des Sémites la couleur caractéristique de la noblesse. Je dois ces explications à la bienveillance de mes savants collègues MM. Oppert et Neubauer, ainsi qu'une foule d'autres renseignements précieux sur la question qui m'occupe, et que, faute de place, j'ai le vif regret de ne pouvoir insérer ici.

[4] *De bello persico*, lib. I, cap. xx.

que l'empereur Justinien, désireux de s'allier avec le Éthiopiens. roi d'Éthiopie Hellistheus contre la Perse, envoya à celui-ci une ambassade afin de lui persuader qu'il pouvait devenir l'intermédiaire entre l'Inde et l'empire Romain pour le commerce de la soie, dont les Persans étaient alors les principaux agents. L'alliance fut conclue; mais le roi d'Éthiopie ne se crut pas en mesure de lutter avec la Perse pour le commerce des soieries, que par sa position rapprochée de l'Inde et de la Chine elle pouvait obtenir dans des conditions exceptionnelles[1].

Ajoutons enfin que rien ne nous autorise à croire que Égypte. les anciens Égyptiens aient eu connaissance de la soie proprement dite, aucun échantillon de cette substance n'ayant encore été découvert dans les monuments de la vallée du Nil, et les inscriptions, aussi bien que les papyrus hiéroglyphiques, hiératiques et démotiques, n'ayant fourni jusqu'à présent aucun mot auquel on puisse attribuer cette signification.

On peut en dire autant des anciens Hébreux: il n'est guère possible de trouver dans leur langue un mot qui rende précisément l'idée de «soie». Le mot *méchi* [2], que les auteurs de dictionnaires traduisent

---

[1] Les mots éthiopiens que j'ai rencontrés et qu'on traduit par «soie» sont tous de provenance étrangère: ሐሪር : *harir* «sericum (album)» (pl. ሐራሪት : *harirât* «vestes sericæ») est d'origine arabe (a. حرير); ዲባግ : *dibâg* «vestis serica versicolor» est persan (ديبه ou ديباه); — ሰንሰሪከ : *sansarike* «species serici» est grec (σηρικόν — سَرَق — סיריקון).

[2] En hébreu: מֶשִׁי *méchi*, mot qui dérive de מָשָׁה *machah* «tirer». Dans son *Thesaurus linguæ hebraicæ*, Gesenius explique ce mot par

assez généralement par *sericum,* n'a cette valeur d'une
manière bien incontestable que dans les livres talmu-
diques [1]. Luther, et à une époque récente M. Cahen,
qui le traduisent par « soie » dans le livre d'Ezéchiel, le
seul de la Bible où on le rencontre, sont en désaccord avec
le chaldéen, qui donne pour équivalent « des vêtements
de différentes couleurs [2] », avec les Septante, qui tra-
duisent par $\tau\rho\iota\acute{\alpha}\pi\lambda\wp$, ainsi qu'avec la Vulgate, qui le
rend par *subtilibus* et ailleurs par *polymitum* [3]. Quant au
mot *ramoth* [4], que les Septante par prudence se bornent
à transcrire $\rho\alpha\mu\grave{o}\theta$, et que la Vulgate traduit par
sericum [5], il paraît plutôt signifier du « corail », ainsi
que le veulent les dictionnaires de Glaire et de Sander.
Il reste toutefois une incertitude réelle sur le sens
de ce mot [6], et l'opinion de M. Pariset, suivant lequel il

panni pretiosissimi genus, tout en rapportant le sens de « soie » que
lui donnent les rabbins. Il mentionne en outre avec toutes réserves le
rapprochement qu'on a fait du mot hébreu ‎שׁי‎ *mechi* et d'un mot
chinois rendu en lettres latines par *chi,* transcription d'ailleurs possible du mot *sse* dont il a été parlé plus haut (p. VIII-IX), et qui a produit le $\sigma\widetilde{\eta}\rho$ des Grecs.

[1] La « soie » ‎מטקסא‎ (g. $\mu\acute{\epsilon}\tau\alpha\xi\alpha$) est mentionnée dans un curieux
passage du *Midrasch kohéleth* (II, 8), où Adrien dit à R. Josué ben
Hananyah : « Puisqu'il est écrit dans la Bible (*Deut.* VIII, 9) que la
terre d'Israël est riche, apporte-moi trois choses que je vais te demander, savoir : du poivre, du faisan et *de la soie* ».

[2] ‎מלבושי צבענין‎.

[3] Voy. M. Clément-Mullet, *Recherches sur l'Histoire naturelle des
Arabes,* p. 30.

[4] En hébreu : ‎ראמות‎ *ramoth.*

[5] Ézéchiel, cap. XXVII, v. 16.

[6] Voy. Gesenius, *Thes. phil. ling. hebr.* aux mots ‎ראמות‎ et ‎פְּנִינִים‎.

aurait désigné « la bombycine » βομβύκια, mérite d'être Hébreux.
prise en sérieuse considération [1].

En résumé, la manière d'obtenir une soie *continue* des
cocons formés par les *vers nourris des feuilles du mûrier* de-
meura une énigme pour l'Europe et pour les Asiatiques
eux-mêmes bien longtemps après que les premières
soieries eurent été exportées du Céleste-Empire, et les
Chinois en connaissaient tous les secrets ainsi que ceux
d'une foule d'autres inventions utiles et luxueuses, à
une époque où l'Arcadie mangeait encore le gland de
ses chênes, où l'Italie grillait son grain pour le moudre,
où le Romain ne savait ni se raser la barbe ni tondre
ses brebis [2].

II.

La connaissance de la soie et des procédés employés Japon.
pour l'obtenir, s'il fallait en croire quelques auteurs japonais, remonterait au delà des périodes positives de leurs
annales [3]. Il n'y a pas à s'arrêter à ces assertions imagi-
naires, qui sont d'ailleurs repoussées comme puériles par
les insulaires éclairés de l'extrême Orient. Toutefois, il
n'est pas impossible que les Japonais aient connu l'art

[1] M. Oppert croit avoir trouvé dans le mot ⟨⟩⊢≣ ⊢⊣ *sonbat*
des inscriptions assyriennes cunéiformes une antique appellation de
la soie; cette interprétation toutefois est très-incertaine. On peut
d'ailleurs en dire à peu près autant de tous les mots sémitiques anciens qu'on a traduits par « soie ».

[2] Dureau de la Malle, dans les *Mémoires de l'Académie des Inscriptions et Belles-Lettres*, nouvelle série, t. XIV, p. 332.

[3] Suivant ces auteurs, au commencement du monde, sous le règne

Japon.

d'utiliser les cocons du *bombyx mori*, pour en fabriquer des étoffes à une époque antérieure à leurs premières relations historiques avec le continent asiatique. J'ai discuté cette question avec plusieurs lettrés du Nippon, qui m'ont affirmé que le fait était établi par les savants de leur pays; mais l'exiguïté de nos collections de livres japonais ne m'a pas permis de vérifier l'exactitude de leurs déclarations à cet égard. La discussion de ce curieux problème est donc nécessairement ajournée. Ce que l'on peut dire, c'est que les tissus de soie, sinon l'art de la sériciculture, étaient très-probablement déjà connus des Japonais sous le règne de leur mikado ou souverain pontife *Kô-reï Ten-ô*[1] (de 290 à 210 avant notre ère), et que moins d'un siècle plus tard[2] une ambassade de l'état de *Mima-na* ou *Ama-na* vint à la cour du Japon offrir des présents parmi lesquels devaient figurer des soieries qui étaient un des principaux produits de ce pays[3]. Le chef de cette ambassade coréenne, nommé *Sonakasiké*, fut retenu auprès de l'héritier présomptif

de *Ten-zyô-daï-zin*, le grand génie solaire, la déesse *Waka-hiroümé*, présidait au tissage. «D'après ce qui est le plus généralement reçu, dit M. Hoffmann, *Ouké-motsi-no-kami*, la petite-fille de l'Esprit du Feu et la créatrice de tout ce qui sert à la nourriture, engendra les vers à soie de ses sourcils, et *Waka-mousoübi-no kami*, le fils de l'Esprit du Feu, enseigna aux hommes l'art de les élever.» (*L'art d'élever les vers à soie*, publié par Matthieu Bonafous, pp. 25 et 136.)

[1] 孝 靈 天 皇 *Kô-reï Ten-ô.*

[2] La 65ᵉ année du règne du mikado *Siou-zin Ten-ô*, qui répond à l'an 33 avant notre ère.

[3] Voyez, sur l'introduction de la sériciculture en Corée, ce que j'ai rapporté plus haut, p. x.

du trône[1]. On pourrait objecter que parmi les cadeaux apportés en tribut à l'empereur du Japon par un fils du roi de Sinra[2], au commencement du règne suivant[3], on ne voit point mentionner la soie; mais le texte très-concis des annales relatif à cette ambassade ne saurait conduire à une conclusion négative, car il se borne à dire qu'il y avait parmi les présents : « des miroirs, du jade, des armes, ainsi que *d'autres objets précieux*[4]. » Enfin, il est bon d'ajouter que ce fut sous le même règne[5] que le Japon engagea des relations diplomatiques avec la Chine, pays où florissait depuis bien des siècles l'industrie de la sériciculture.

Quoi qu'il en soit, on ne peut douter que la campagne entreprise contre la Corée par la fameuse impératrice *Zin-gô Gwô-goû*[6], la Sémiramis de l'histoire du

---

[1] *Nippon seï-ki*, livr. I, fol. 10. — Cf. *Nippon-ô-daï-itsi-ran*, livr. I, fol. 5 r°.

[2] Le royaume de *Sin-ra* formait, à cette époque, un des principaux États de la presqu'île de Corée.

[3] La 3ᵉ année du règne du mikado *Soui-nin Ten-ô* (an 27 avant notre ère).

[4] *Nippon-ô-daï-itsi-ran*, livr. I, fol. 5 v°.

[5] La 86ᵉ année, qui répond à l'an 57 de notre ère.

[6] 神功皇后. Cette princesse, la première femme qui occupa chez les Japonais le trône des mikado, régna sous le nom de *Tsiou-aï*, son époux défunt, de 201 à 269 de notre ère. Malgré les fables de toute nature dont les historiens indigènes ont enveloppé ce règne mémorable, il est hors de doute qu'il répond à une époque où la civilisation des îles de l'extrême Orient fut sensiblement modifiée par un courant d'idées coréennes et chinoises.

Japon, et les conquêtes de cette princesse sur le continent asiatique, n'aient mis les Japonais au courant des
principales branches de l'industrie coréenne[1]. Les historiens indigènes nous apprennent d'ailleurs que, sous
ce règne mémorable, deux ambassades se rendirent à
la cour de *Ming-ti,* empereur de Chine, qui envoya à
son tour des ambassadeurs chargés de présents à la cour
du Japon. Parmi ces présents se trouvait un sceau d'or
dans une enveloppe de soie pourpre[2]. On peut ajouter
que, suivant les annales du Nippon, l'impératrice, après
avoir vaincu les Coréens, les contraignit à lui remettre
des otages, à renouveler un traité, et les obligea à lui
donner quatre-vingts navires de soie pour récompenser
ses compagnons d'armes. Ainsi fut déterminé le taux du

---

[1] Cette opinion est confirmée par un savant lettré de Yédo,
M. Foukoŭtsi Gen-itsi-rô, à qui nous empruntons le passage suivant :

*Ten-boun, in-kokoŭ, boun-gakoŭ, boutsoŭ-zô, boutsoŭ-kyô, keï-syo,
go-foukoŭ, tô-no-syo-gakoŭ-zyoutsoŭ, mina san-kan-yori nippon-ni motsi
oyobosérouhodo-ni ; sono-notsi nippon-yori tsoukaï-wo tsina-nitsoukavasi,
nawo mitsoŭ-ni mi-wo manaba-simé zyoŭ-boun-ni itaréri.*

« L'astronomie, l'imprimerie, l'écriture, les figures bouddhiques
et les livres sacrés de cette religion, les livres canoniques et les livres
classiques de la Chine, les *tissus de soie* et toutes sortes d'autres connaissances, sont venus du pays des *San-kan* (Corée), d'où ils se sont
répandus dans le Nippon. Par la suite, des ambassades envoyées du
Japon en Chine ont permis d'étudier ces sciences avec plus de préci-
sion et ont assuré leur perfectionnement ».

[2] Ce fait a été rapporté, d'après des sources chinoises, par Klaproth, dans les notes qu'il a ajoutées à la traduction des *Annales
des empereurs du Japon,* entreprise sous la direction de Titsingh, par
les interprètes indigènes du comptoir de Désima (p. 19).

tribut qu'ils eurent à envoyer chaque année à la cour　Japon.
du Japon[1].

Sous le règne d'*Ô-zin Ten-ô*[2], fils de cette princesse et
son successeur au trône des mikado, il y eut au Japon
un grand mouvement scientifique et industriel. L'an 283,
le royaume de *Păik-tse,* l'un des États de la péninsule
coréenne, envoya, avec le tribut, des femmes habiles
dans l'art de faire les vêtements[3].

L'an 306, le gouvernement japonais chargea des commissaires de se rendre dans le royaume de *Ou* (en Chine),
et d'y demander des tisseuses[4]. Enfin, pour terminer ces
citations que j'emprunte aux chronologies indigènes,
en 462, on planta des mûriers dans toutes les provinces
du Japon[5]; et, en 470, les habitants du royaume de *Ou*
envoyèrent des soies tissées des pays de *Ou* et de *Han*[6].

Depuis lors, l'art d'élever les vers à soie et de fabriquer des tissus avec leur fil a continué à se répandre
dans presque toutes les parties du Japon dont il est de-

[1] 額 歲 船 帛 犒 盟 質 后　
　貢 遂 八 師 絁 子 命　
　定 爲 十 金 徵 申 納

Voy. l'*Histoire du gouvernement du Nippon,* livr. I, fol. 21 v°.

[2] 應 神 天 皇

[3] Mitsoükouri, *Sin-sen-nen-feó,* fol. 19 v°.

[4] *Sin-sen-nen-feó,* fol. 20 r°.

[5] En chinois : 今 諸 國 植 桑 , *Libr. cit.* fol. 22 v°.

[6] *Sin-sen-nen-feó,* fol. 22 v°.

venu , sinon l'industrie principale, du moins l'une de celles qui ont le plus contribué au développement du commerce dans les îles de l'extrême Orient. Cette industrie, sans doute parce qu'elle était plus fructueuse que toutes les autres pour les paysans, a pris à certaines époques une telle extension dans le Nippon, que les autres branches de l'agriculture se sont vues successivement délaissées dans les campagnes; si bien que les gouvernements indigènes durent intervenir pour y opposer des limites. De nos jours encore, il est plus d'une principauté au Japon où l'on ne permet pas aux paysans d'augmenter l'étendue des champs qu'ils destinent à la culture des mûriers, tandis que les encouragements de l'autorité locale leur sont assurés lorsqu'ils se décident (ce qui d'ailleurs est fort rare) à étendre aux dépens de leurs mûriers le nombre toujours trop restreint de leurs rizières. C'est également en vue de détourner leurs sujets d'une trop grande tendance à se livrer à la sériciculture que beaucoup de *daï-myô* ou princes féodaux de l'empire ont interdit sous peine d'amende aux gens du peuple l'usage des vêtements de soie. A Satsouma, par exemple, il était défendu, tout dernièrement encore, aux gens non titrés et sans fonction publique de se vêtir de soieries. Mais le goût des insulaires pour ces brillants tissus leur faisait souvent éluder la loi : si dans les lieux publics ils devaient se soumettre aux injonctions de l'autorité, les hommes du peuple, marchands ou paysans, n'avaient garde de s'y conformer dans l'intérieur des habitations; et ceux-là mêmes qu'on rencontrait dans les rues recouverts d'humbles habits de coton , apportaient avec eux, partout où ils allaient faire visite, un paquet renfermant des vêtements de soie dont ils se revêtaient dans le vestibule des maisons pour les quitter de nouveau à leur sortie. Cette coutume passa si bien dans les mœurs des Japonais que les gouvernements indigènes se virent forcés de laisser successivement leurs ordonnances somptuaires tomber en désuétude.

La sériciculture, comme on l'a dit plus haut, s'est répandue dans presque toutes les parties de l'archipel japonais. Mais il s'en faut qu'elle ait acquis, dans les unes et dans les autres, une égale importance. Les tentatives d'éducation entreprises dans la principauté de *Matsoŭmaë,* au sud de l'île de Yéso, n'ont pu vaincre que très-médiocrement les intempéries de son climat. Aux îles Loutchou, au contraire, la chaleur a presque toujours été trop intense pour obtenir des résultats avantageux. Quelques paysans de ces îles s'adonnent cependant à l'éducation des vers à soie et tissent dans leurs chaumières cette étoffe appelée *Riou-kiou-no tsoŭmougi* « tissus de Loutchou », dans laquelle entre un mélange de soie et de coton, et qui, si elle n'a pas l'avantage d'être d'un aspect très-agréable, a du moins le mérite de la solidité et de la résistance à la lessive. A cela près, il n'existe aucune manufacture de soieries aux îles Loutchou.

La principale région séricicole du Japon est, de l'avis unanime des indigènes, la province d'*Ô-syou,* située au nord-est de la grande île de Nippon. Là aussi ce sont les paysans qui s'adonnent dans leurs habitations à l'éducation des vers à soie et qui tissent eux-mêmes les étoffes. Ainsi donc point de magnaneries, dans l'acception ri-

*ᴅ

goureuse que nous attachons à ce mot en Europe, point
de manufactures. En revanche, on trouve dans toutes
les villes de la province, et notamment à *Sen-daï*, où
réside le principal daïmyô, une foule de riches négociants qui entretiennent de nombreux commissionnaires
sur toutes les places du Japon. Après le riz, la soie est
le principal objet de négoce de la contrée.

Les relations par voie de mer ne sont faciles entre
Sendaï et Yédo que durant la belle saison, la navigation étant dans ces parages fort dangereuse en hiver.
Par voie de terre, elles sont, au contraire, très-aisées
d'un bout à l'autre de l'année. La distance entre ces
deux localités, par la grande route appelée *Ô-syou-dzi*,
est d'environ dix journées de marche. Toutes les trois
ou quatre lieues on y rencontre des auberges (*yado-ya*
ou *hatago-ya*) qui reçoivent les voyageurs et leur fournissent ce dont ils peuvent avoir besoin pour leur
subsistance. Cette route est très-animée en raison des
nombreux commerçants qui la parcourent sans cesse,
allant chercher surtout à Sendaï, pour les transporter
à Yédo, les soieries avec lesquelles les Japonais confec-
tionnent leurs habits et leurs pantalons de cérémonie.

En dehors de la province d'Ôsyou, on rencontre également de vastes manufactures qui produisent des
soieries de qualité et d'apparence souvent fort différentes. A Kyôto, capitale et résidence du mikado ou
souverain du Japon, on comptait dans ces derniers temps
de nombreux fabricants dont les tissus de soie étaient
généralement estimés; les événements politiques qui
datent de l'admission des négociants européens dans

certains ports de l'empire ont porté un coup terrible au commerce de cette ville, sans cependant l'avoir réduit à une importance secondaire. Il existe dans le Nippon beaucoup d'autres centres pour la production et pour le commerce des soieries qu'il serait trop long d'énumérer ici, d'autant plus qu'on trouvera quelques renseignements sur plusieurs des plus célèbres dans le courant de cet ouvrage.

Je me bornerai donc, pour en finir avec le commerce de la soie au Japon, à ajouter qu'il y a dans ce pays un grand nombre de magasins de soieries où l'on entretient journellement plus de cent employés, hommes et femmes, et qui peuvent rivaliser par leur magnificence, par leur étendue et par la richesse de leur assortiment, avec les plus beaux magasins de l'Europe[1].

La soie japonaise a été appréciée de la façon la plus favorable par les juges compétents. Deux à trois mille balles de trente à trente-cinq kilogrammes envoyées à Londres comme premiers échantillons ont étonné non moins par leur bon marché que par leur admirable beauté. « La plupart de ces soies égalent ou surpassent même en finesse, en force et en parfaite régularité, les plus beaux produits des filatures de la France et de l'Italie[2] ». Et cependant les produits supérieurs des manufactures japonaises n'ont guère paru jusqu'à présent sur les marchés de l'Europe; d'autant plus que, généralement réservés à l'usage des princes souverains du pays, ils ne

[1] Ce fait a été constaté de nouveau, dans ces derniers temps, par M. Schliemann (*La Chine et le Japon*, p. 154).

[2] Voy. le *Courrier de Lyon* du 19 février 1860.

sont point répandus dans le commerce. L'exportation
des meilleures soies tissées par des criminels de rang
élevé est, dit-on, prohibée par les lois du pays[1]. Toujours est-il que certaines manufactures du Japon ne
livrent leurs tissus qu'à leurs princes, qui les emploient
pour leur usage personnel ou pour des cadeaux. A Kagosima[2], par exemple, il existe un établissement appelé
Ouri-mono-zyo[3], exclusivement destiné au service du
taïsyou ou prince régnant de Satsouma. Deux cents petites filles, cent ouvriers et quarante employés y travaillent journellement. Des échantillons de cette provenance figureront l'année prochaine à l'Exposition
universelle de Paris.

Les relations commerciales établies depuis quelques
années entre les négociants de l'Occident et les Japonais
ont tellement augmenté aux yeux de ces derniers la valeur
de la sériciculture que tous ont redoublé de soins et
d'efforts pour obtenir des résultats en rapport avec l'importance des demandes nouvelles de nos négociants[4].

---

[1] *American Expedition to the China seas and Japan*, édit. in-8°, p. 65.

[2] *Kago-sima* (en japonais : 鹿 児 嶋) est située par
31° 38′ de lat. boréale et par 128° 15′ de longitude orientale (méridien de Paris). C'est le siége du gouvernement de la principauté de
Satsoüma et de l'archipel de *Lou-tchou* qui lui est soumis.

[3] En japonais : 織 物 所 *ori-mono-zyo.*

[4] Les Japonais avec lesquels j'ai eu l'occasion de m'entretenir de l'état actuel de la sériciculture dans leur pays m'ont assuré
que la récolte de la soie, depuis quelques années, s'était accrue au
Japon dans une très-forte proportion. (Voy. plus loin, p. 14, n.) Il
ne faut toutefois accepter cette déclaration que sous réserve, les

L'insuffisance des mûriers seule s'oppose à l'extension rapide des élevages; aussi, pendant la période de l'éducation des vers, les paysans passent-ils les nuits auprès de leurs arbres pour éviter les vols de feuilles, qui devenaient de plus en plus fréquents; une amende de 5 à 10 ryô a dû même être infligée aux délinquants par le *na-nousi* [1], sorte d'officier municipal établi dans les diverses localités du Japon. En revanche, quand l'éducation est terminée, les paysans se livrent de tout cœur à la joie; et, pendant plusieurs jours de fêtes, tout le monde, maîtres et serviteurs, s'adonne en compagnie aux plaisirs de la boisson. Dans la province d'Ôsyou,

chiffres des envois sur le marché n'ayant pas augmenté alors qu'ils eussent dû le faire en présence de la hausse de prix, qui pousse toujours à l'exportation. On pourra se convaincre de ce fait par le tableau suivant :

En 1862-1863 l'exportation était de	25,800	balles.
En 1863-1864	—	15,500	—
En 1864-1865	—	16,500	—
En 1865-1866	—	11,600	—
En 1866-1867	—	13,500	—

Or, en juillet 1862, les soies mayé-basi (vulg. maybash) n°s 1 et 2 valaient, suivant M. Duseigneur-Kléber, à l'obligeance duquel je dois ce curieux renseignement, 540 le pécul; en août 1867, elles en valent 850 (!).

[1] Le *na-nousi* (en japonais : 名 主) est un magistrat qui est chargé, entre autres fonctions, de recevoir la déclaration des naissances et de présider aux mariages.

on désigne sous le nom de *Oko-agé*[1] les fêtes célébrées en ces circonstances.

Étranger à l'art de la sériciculture, je ne puis me permettre d'établir un parallèle entre les procédés employés par les Japonais d'une part, et par les autres nations de l'Europe et de l'Asie de l'autre, tant pour l'éducation des vers à soie que pour le tissage des soieries. Toujours est-il que le Japon est aujourd'hui à peu près le seul pays dont les magnaneries n'aient pas été infestées par cette terrible maladie qui menace de ruiner partout ailleurs une des plus grandes branches de l'industrie des étoffes; et pour ce qui concerne la qualité et la beauté des tissus, les échantillons qui nous sont parvenus dans ces derniers temps sont là pour établir le mérite des manufactures asiatiques.

III

La littérature japonaise, à peu près entièrement inconnue des Européens, est cependant l'une des plus riches et des plus intéressantes du monde asiatique. Toutes les branches des connaissances humaines y sont largement représentées : la philosophie spéculative et la philosophie positive; la morale et la religion; la jurisprudence et la science politique et administrative; l'histoire officielle et l'histoire légendaire ou romanesque; l'ethnographie, la géographie et les relations de voyages; l'anthropologie, la zoologie, la botanique, la minéralogie, la médecine et la chimie; les sciences mathéma-

---

[1] En japonais : 蚕 おこ 上 あ げ *oko-age*.

tiques, la physique, l'astronomie, la cosmographie et les sciences nautiques et stratégiques; la linguistique et la philologie; la poésie, depuis l'épopée et le drame jusqu'à la chanson populaire et érotique; l'archéologie, les beaux-arts, l'épigraphie et la numismatique. Le nombre des japonistes, encore excessivement restreint, fait seul défaut pour extraire de ces monuments de l'esprit asiatique tout ce que l'Europe éclairée est en droit d'attendre d'une nation dont les origines remontent à sept siècles au delà de notre ère, et qui, par l'activité incessante de son esprit, a mérité d'être placée de nos jours au premier rang du monde oriental.

Parmi les innombrables ouvrages qui forment le contingent de la précieuse littérature des insulaires de l'extrême Orient, ceux qui concernent la botanique et les sciences agricoles y occupent une très-large place. Si nos bibliothèques publiques sont encore d'une regrettable pauvreté à leur égard, les indications bibliographiques, très-rares il y a peu d'années encore, le sont beaucoup moins aujourd'hui, et nous pouvons entrevoir le jour prochain où, grâce aux facilités sans cesse croissantes qui sont accordées au commerce avec le Japon, nous aurons sous la main de vastes collections de livres et de documents japonais de tous genres.

L'étude de l'histoire naturelle et des sciences agricoles a été cultivée de tous temps par les Japonais avec autant de zèle que d'intelligence. La botanique surtout et l'économie rurale ont eu le privilége de les captiver. Après Kæmpfer qui disait que le Japon était le paradis terrestre des botanistes, Siebold a signalé avec admiration la merveilleuse culture des campages japonaises et l'art avec lequel les insulaires de l'extrême Orient savaient demander aux terres les moins fertiles, jusqu'aux hautes et arides régions des montagnes, les produits nécessaires à la nourriture d'une contrée populeuse et pendant longtemps isolée du reste du monde.

Les premiers Européens qui ont pu traverser les campagnes japonaises depuis la conclusion des traités avec l'Amérique et l'Europe, ont été frappés à leur tour de la magnificence des cultures, et ils n'ont pas hésité à constater à cet égard la supériorité du Japon sur la Chine[1]. Les explorations récentes des environs de Yédo et de Naga-saki ont pleinement confirmé cette première impression des voyageurs occidentaux.

Il y a donc grand intérêt à étudier les procédés employés par les insulaires de l'Asie orientale pour obtenir du sol de leur patrie les ressources nécessaires à l'alimentation d'une population compacte, et dont la pléthore eût sans aucun doute provoqué un état permanent de misère et de famine, si la prudence de leurs gouvernements et plus encore la sage et savante culture de leurs terres ne les avaient garantis contre ces fléaux.

Nous sommes loin de posséder une collection quelque peu complète des grands ouvrages d'économie rurale composés par les Japonais, et cependant le petit nombre de ceux qui sont parvenus jusqu'à nous mérite la bienveillante attention des agronomes européens. Parmi ces ouvrages, il y aurait intérêt à traduire l'*Encyclopédie*

---

[1] Voy. Fraissinet, *le Japon contemporain*, p. 200 ; *Americ. Exped. to the China seas and Japan*, p. 66.

agricole[1] publiée en onze volumes in-4°, par *Miya-saki An-teï*, ou tout au moins à en extraire les parties relatives aux cultures qui nous préoccupent le plus particulièrement[2]. On pourrait également recueillir d'utiles renseignements dans le *Nô-ka-yéki*, publié par *Oho-koura Naga-tsoŭmé*, et enfin dans le Traité des produits de la terre et des mers, auquel un savant japoniste hollandais.

[1] En japonais : 農業全書 *Nô-geo-zén-syô*.

[2] Cette encyclopédie, plusieurs fois réimprimée au Japon, est divisée en onze livres dont le dernier est donné comme supplément au corps de l'ouvrage. Voici, d'après les index placés au commencement des onze volumes, les matières traitées dans l'ouvrage :

I.   *Nô-zi-sô-ron.* Considérations générales sur l'agriculture.

A *Kó-sakoŭ*, Du labour; — B *Tané*, Des semences; — C *To tsi-wo-mirou*, De l'examen du sol; — D *Zi-setsoŭ-wo-kan-gó*, De la considération des saisons; — E *Zyó-oun*, Du sarclage; — F *Koĕ*, Des engrais; — G *Soui-ri*, Des irrigations; — H *Kari-osamou*, De la récolte; — I *Takouvaĕ-tsoŭmou*, De la conservation; — J *San-riu-no setsoŭ*, Des montagnes et des forêts.

II.   *Go-kokou-no-roui.* Des cinq espèces de céréales.

Iné, le riz (Oriza sativa); — *Hataké-iné*, ou *Hidéri-iné*, riz sec. — *Mougi*, orge. — *Ko-mougi*, Triticum vulgare, Ser. *So-ba*, le blé sarrazin (Polygonum fagopyrum, Thunb.). — *Ava*, le millet (Panicum italicum, Ser.). — *Kibi*, le sorghum (Panicum miliaceum, Ser.). — *Tô-kibi*. — *Hiyé*, graminée. — *Mamé*, les dolichos. — *Adzoŭki*, Phaseolus atsouki. — *Rokoŭ-dó* (haricot vert), Phaseolus bundoo, Sieb. — *Sora-mamé*, les fèves (Vicia faba). — *Yen-dò*, les pois (Pisum sativum). — *Sasagé*, Dolichos umbellatus, Thunb. — *Yen-dó*, les pois à côtes ou *Adzi-mamé*. — *Nata-mamé*, Dolichos incurvatus, Thunb. — *Go-ma*, le sésame (Sesamum orientale). — *Yokoŭ-i* ou *Sousou dama*, Coïx lachryma.

M. Hoffmann, a déjà emprunté une intéressante notice sur la fabrication de la porcelaine de Hizen.

La sériciculture a été très-vraisemblablement l'objet

III et IV. *SAÏ-NO-ROUI.* Des différentes espèces de légumes.

> *Daï-kon*, les radis (Raphanus sativus). — *Kabouna*, le navet. *Soú*, le chou (Brassica sinensis). — *Aboura-na*, la navette. — *Karasi*, moutarde. — *Nin-zin*, les carottes. — *Nasoúbi*, Solanum esculentum. — *Ama-ouri*, sorte de melon allongé. — *Tsouké-ouri* et *Asa-ouri*, sortes de cucurbitacées. — *Ki-ouri*, les concombres. — *Tó-gwa* «courge d'hiver» (Lagenaria hispida). — *Soui-kwa*, Cucumis citrullus. — *Nan-kwa*, «courge du midi» (Cucurbita pepo). — *Hisago* et *Yetsima*, sortes de cucurbitacées. — *Hito-mozi*, oignon. — *Nira*, ciboule. — *Rak-keó*, espèce d'échalottes. — *Nin-nikou*, ail. — *Hazikami*, gingembre. — *Go-bó*, sorte d'oseille. — *Hó-ren-só*, Spinacia oleracea. — *Foudán só*, betterave. — *Tsisa*, laitue (Lactuca sativa). — *Myó-ga*, gingembre (Zingiber myoga). — *Fouki*, tussilage. — *Siso*, Acynos siso, Sieb. — *Yego*, Ligustrum japonicum. — *Kési*, pavot somnifère. — *Hiyou*, Amaranthus oleraceus. — *Hahaki-kousa* «herbe à balais» (Kochia scoparia). — *Tan-popo*, dent de lion (Leontodon taraxacum). — *Koraï-gikoü*, espèce d'armoise. — *Youri*, lys. — *Keï-to-gé*, espèce d'amaranthe (Celosia cristata). — *Oudo*, Aralia edulis. — *Na-zouna*, Capsella bursa pastoris. — *Akaza*, Chenopodium album. *Ko-zoui*, Coriandrum sativum. — *Bó-fou*, nom d'une plante comestible qui croît sur le bord de la mer. — *Tó-garasi*, Capsicum annuum Linn.

V.   *SAN-YA SAÏ-NO-ROUI.* Des différentes espèces de légumes des montagnes et des champs.

VI.   *SAN-SÓ-NO-ROUI.* Des trois espèces de végétaux.

> L'auteur entend par ces mots : A *Ma-wata*, le cotonnier; — B *Ma-wó*, espèce de lin; — C *Asa*, le chanvre; — D *Aï*, le polygonum des teinturiers; — E *Kouré-naï*, l'écarlate; — F *Aka-né*, la racine rouge; — G *I*, le jonc; — H *Riou-kiou i*, le jonc de Lou-tchou; — I *Tabako*, le tabac; — J *Sougé*, autre espèce de jonc.

de nombreuses publications au Japon ; à moins cependant, comme on l'a prétendu, que le désir de conserver pour les seuls indigènes les secrets de cet art

VII. *Si-bokou-no roui*. Des quatre espèces d'arbres, savoir :

A *Tsya*, le thé ; — B *Kôso*, le broussonetia à papier ; — C *Ourousi*, l'arbre à vernis ; — D *Kwa*, le mûrier.

VIII. *Kwa-bokou-no-roui*. Des arbres fruitiers.

Sou-momo, le prunier ; — *Moumé*, le prunier du Japon (Armeniaca mume) ; — *Anzou*, l'abricotier ; — *Nasi*, le poirier du Japon ; *Kouri*, le châtaignier ; — *Hasibami*, le noisetier ; — *Kaki*, Diospyros kaki ; — *Zyakoûro*, le grenadier ; — *Yousoura*, Prunus tomentosa ; — *Yama-mono*, le pêcher des montagnes ; — *Momo*, le pêcher ; — *Biwa*, le néflier du Japon ; — *Bou-dô*, la vigne ; — *Gin-an*, Ginkyo biloba ; — *Kaya*, Taxus nucifera ; — *Kan-rouï*, espèce du genre de l'oranger ; — *San-seó*, Zanthoxylon piperitum.

IX. *Syo-bokou-no-roui*. Des autres espèces d'arbres.

L'auteur comprend sous ce titre les arbres suivants : *Matsoù*, le pin (Pinus sylvestris) ; — *Sougi*, le cyprès (Cupressus japonica) ; — *Hi-no-ki*, le thuya (Thuya orientalis) ; — Paulownia tomentosa ; — *Syou-ro*, Rhapsis flabelliformis ; — *Sü*, Quercus cuspidata ; — *Sakoura*, le cerisier (Prunus yama-sakura) ; — *Yanagi*, le saule ; — *Ha-ra-tokoù*, arbre oléifère ; — *Hari-no-ki*, l'aune (Alnus harinoki) ; — *Tsoubaki*, thé des montagnes (Camellia japonica) ; — *Také*, le bambou. || A ce livre sont joints des chapitres sur les sujets suivants : A. Des haies pour la clôture des jardins ; — B. De la plantation des arbres ; — C. De la greffe.

X. *Syó-roui-yó-hô*. De la manière d'élever.

XI. *Yakou-syou-roui*. Des plantes médicinales (22 espèces)[*].

---

[*] J'avais préparé une analyse complète de cette Encyclopédie agricole, dans le but d'en faire apprécier toute l'importance. Malgré le petit caractère qui a été employé, j'ai dû n'en insérer ici qu'un abrégé pour ne pas dépasser

si fructueux pour leur pays n'ait engagé les gouvernements du Japon à empêcher autant que possible la di-
vulgation des méthodes japonaises sur la matière[1]. Toujours est-il que nous ne connaissons jusqu'à présent
qu'un seul ouvrage imprimé sur l'éducation des vers à
soie, dont la rédaction, due à un fonctionnaire de Tatsi-
ma nommé *Kami-gaki Mori-kouni,* date au moins d'une
soixantaine d'années.

Cet ouvrage, d'ailleurs remarquable sous plus d'un
rapport, a déjà vieilli; et, en dehors des légendes qu'il a
admises pour l'amusement de ses lecteurs, il a le défaut,
si j'en crois les savants indigènes dont j'ai recueilli l'opinion, de renfermer la mention d'une foule de pratiques
depuis longtemps abandonnées.

J'ignore de quelle façon les sériciculteurs accueille-

---

[1] On cite cependant un livre célèbre sur la sériciculture composé
par un neveu du mikado *Bin-datsoŭ,* mais dont on n'a conservé que
quelques fragments. Ce prince, que les Japonais considèrent comme
une de leurs gloires nationales, est désigné dans l'histoire du Japon

sous le titre honorifique de 聖 德 大 子 | *Syô-
tokoŭ-daï-si* « le prince impérial saint et vertueux ». Il fut un des grands
promoteurs de la doctrine de Çâkya-mouni, et on lui attribue toutes
sortes d'inventions utiles. On lui doit également la construction du
grand et magnifique temple bouddhique appelé *Si-ten-ô-zi* « la pa-
gode des quatre rois du Ciel » qui existe encore de nos jours à Oho-
saka.

outre mesure l'étendue qui peut être accordée dans des notes à une digres-
sion de ce genre. Cet abrégé suffira cependant, je l'espère, pour montrer
combien il serait intéressant pour nos campagnes de connaître toutes les
ressources que les insulaires du Japon savent tirer des produits de leur sol et
de leurs cultures.

ront le Nouveau Traité de la culture des mûriers et
de l'éducation des vers à soie, dont j'ai rédigé une traduction à la demande de S. Exc. M. le Ministre de
l'Agriculture, du Commerce et des Travaux publics.
Tout ce que je puis dire, c'est que ce traité[1], écrit avec
autant de simplicité que de connaissance de cause, est
l'œuvre d'un homme éclairé dont la jeunesse s'est
passée tout entière au sein de la province du Japon,
et qui a acquis le plus de célébrité par ses éducations
de vers à soie.

L'auteur, M. *Sira-kawa*, est natif de *Sen-daï* dans
la province d'*Ô-syou*, qui, ainsi que je l'ai rapporté,
est la province la plus renommée de tout l'empire
japonais pour la production séricicole. Élevé au milieu
des magnaneries, au travail desquelles il a consacré
de nombreuses années, il en a étudié avec soin
les pratiques les plus importantes. Il a écarté de son
ouvrage les historiettes, plus ou moins amusantes,
plus ou moins ridicules, dont ses compatriotes ont
trop souvent l'habitude d'émailler leurs écrits, même
les plus sérieux. En revanche, il s'est appliqué tout
particulièrement à exposer les procédés relatifs à la

---

[1] L'ouvrage japonais qui fait l'objet de cette publication est intitulé: 養蠶新說 *Yô-san-sin-setsoŭ*, littéralement « Nouveaux entretiens sur l'éducation des vers à soie ». Il forme deux parties dont l'une, consacrée à la Culture des mûriers, est datée de la
première année de l'ère impériale *Gen-si* (1864 de notre ère) en été,
et l'autre, exclusivement relative à l'Éducation des vers à soie, est datée du cinquième mois de la même année.

bonne culture des mûriers, dont l'inobservance est,
suivant lui, une des causes principales des accidents
qui surviennent dans l'élevage des vers à soie. Il est
convaincu que les maladies dont les magnaneries ont
à souffrir viennent de l'ignorance et surtout du manque
de soin des personnes chargées de surveiller l'éducation
des vers. Ses observations à cet égard s'accordent avec
les conclusions les plus récentes de nos sériciculteurs,
et notamment avec celles que deux praticiens très-distin-
gués, MM. Guérin-Méneville et Eug. Robert, ont cru
pouvoir énoncer à propos de la muscardine, cette terrible maladie pestilentielle qui, depuis quelques années,
désole les éducations de la plupart des contrées du
globe : « La muscardine est simplement l'une des maladies
qui attaquent les vers à soie *quand ils sont élevés dans de
mauvaises conditions, par des mains inhabiles sous l'empire de la routine;* elle n'est pas plus contagieuse que les
autres maladies, etc.[1] »

La qualité supérieure des graines est, avec la bonne
culture des mûriers, ce qui doit préoccuper tout d'abord
l'éleveur, et il indique comment on doit l'obtenir et à
quels caractères on peut la reconnaître.

J'ai essayé, dans ma traduction, d'être avant tout
aussi clair que possible, sans cependant m'écarter du
texte original que j'avais à rendre en français. Dans le
désir que ce livre soit utile, non-seulement aux sériciculteurs, pour lesquels il a été publié, mais aussi aux personnes qui s'occupent de l'étude de la langue japonaise,

---

[1] *Guide de l'éleveur des vers à soie*, p. 79.

étude pour laquelle on manque encore aujourd'hui des instruments les plus indispensables (textes avec traduction, etc.), j'ai dû me soumettre à la nécessité que j'ai reconnue de suivre de près la construction souvent très-enchevêtrée des phrases japonaises. J'espère que les motifs qui m'ont guidé en cette circonstance me vaudront l'indulgence des lecteurs. Je dois réclamer également celle des orientalistes, qui n'ignorent pas quelles graves difficultés assaillent, dans les conditions où ils se trouvent placés, les japonistes européens appelés à rendre pour la première fois dans une de nos langues, et sans autre secours que les dictionnaires expliqués seulement en japonais et publiés au Nippon pour l'usage des indigènes, des textes imprimés en signes confus, d'une médiocre netteté et remplis de détails techniques auxquels ils sont le plus souvent étrangers. Si j'ai réussi à lever la plupart des difficultés et à saisir généralement le sens du traité dont je donne ci-après la première version européenne, c'est très-certainement grâce aux études spéciales que j'ai entreprises à Marseille pour remplir la mission que m'a confiée S. Exc. le Ministre de l'Agriculture, à la riche collection d'ouvrages japonais originaux que je dois en grande partie à la bienveillance qu'ont bien voulu me témoigner jusqu'à présent le gouvernement japonais et les agents éclairés qu'il a successivement envoyés en Europe, et enfin à la possession de deux copies différentes du *Yô-san-sin-sets* qui se sont éclaircies mutuellement.

Il me reste en terminant à remercier S. Exc. le Ministre

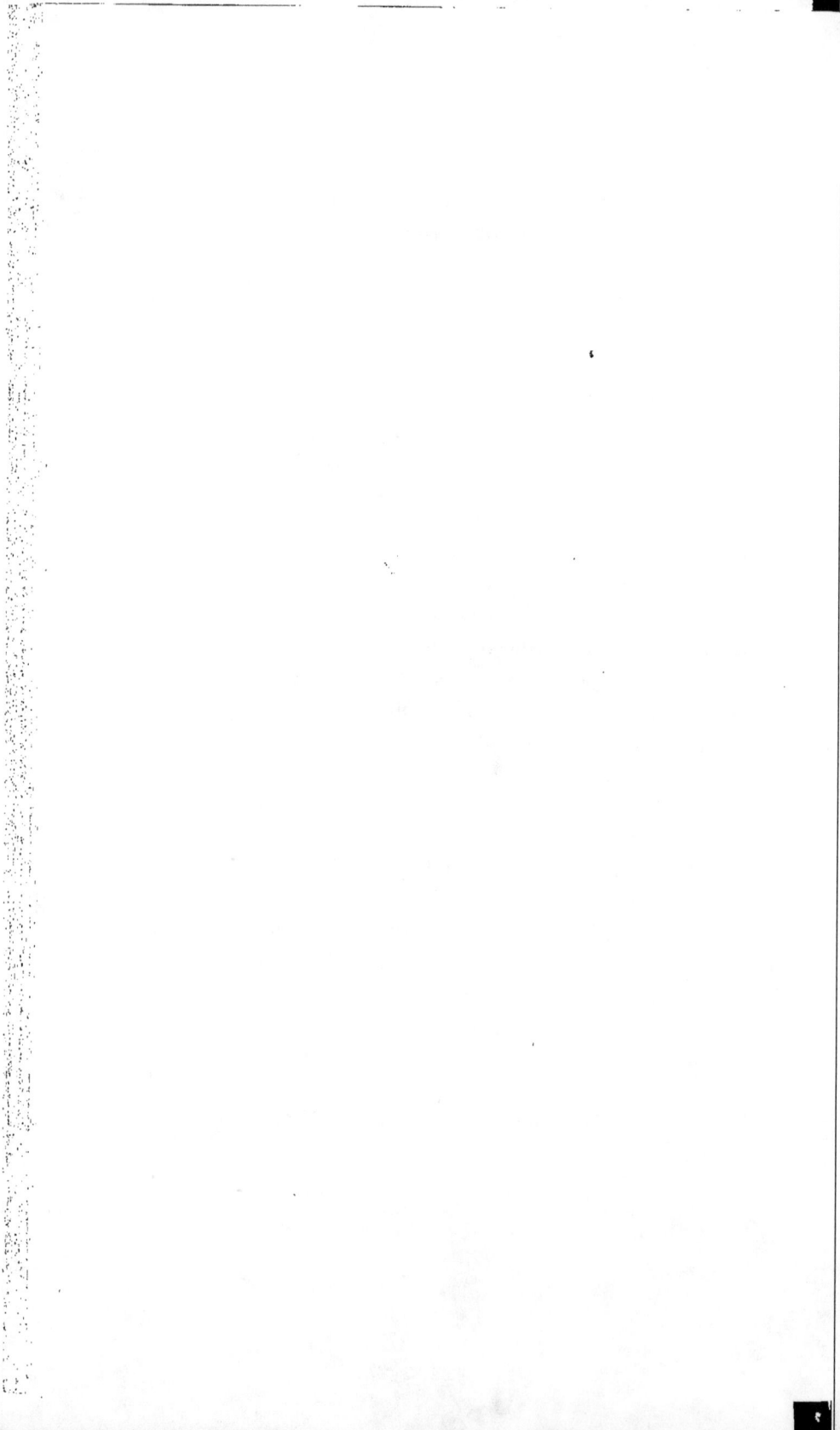

PRÉFACE

DE

L'AUTEUR JAPONAIS.

Au Japon, l'éducation des vers à soie est un art réservé aux femmes de la campagne; les hommes ne s'en occupent point[1]. Comme cet art est d'un grand secours pour les populations agricoles, on doit s'attacher à connaître l'influence de la température sur les vers et les moyens de les élever dans une atmosphère douce, où ils n'aient à redouter ni le froid ni le chaud.

C'est ainsi que les gens de la campagne qui se sont livrés à l'éducation des vers à soie et ont su imaginer de bons procédés pour y réussir, même lorsqu'ils habitaient des vallées ou des terres mauvaises, ont vu leurs familles prospérer et leurs mauvaises terres l'emporter sur les

---

[1] Les Japonais considèrent les hommes comme n'étant pas doués de patience suffisante pour se livrer personnellement à l'éducation des vers à soie; aussi laissent-ils aux femmes la direction et l'administration de leurs magnaneries, dans lesquelles ils ne sont généralement point occupés, si ce n'est comme hommes de peine.

terres supérieures, au grand avantage des populations agricoles du pays.

Dans toutes les provinces, on compte un grand nombre d'endroits où l'on ignore encore l'art d'élever les vers à soie et de cultiver les mûriers. Et cependant, dans les plaines croissent de nombreux végétaux sans usage, de sorte que des terres qui pourraient être employées sont perdues sans utilité. En vérité, n'est-ce pas là une chose triste?

C'est donc rendre service aux populations agricoles que d'introduire dans les terres incultes la culture du mûrier et d'enseigner au peuple l'art d'élever les vers à soie.

Composé par SIRA-KAWA, du pays de *Sen-daï* (Empire Japonais).

PREMIÈRE PARTIE.

—

TRAITÉ

DE

LA CULTURE DES MÛRIERS.

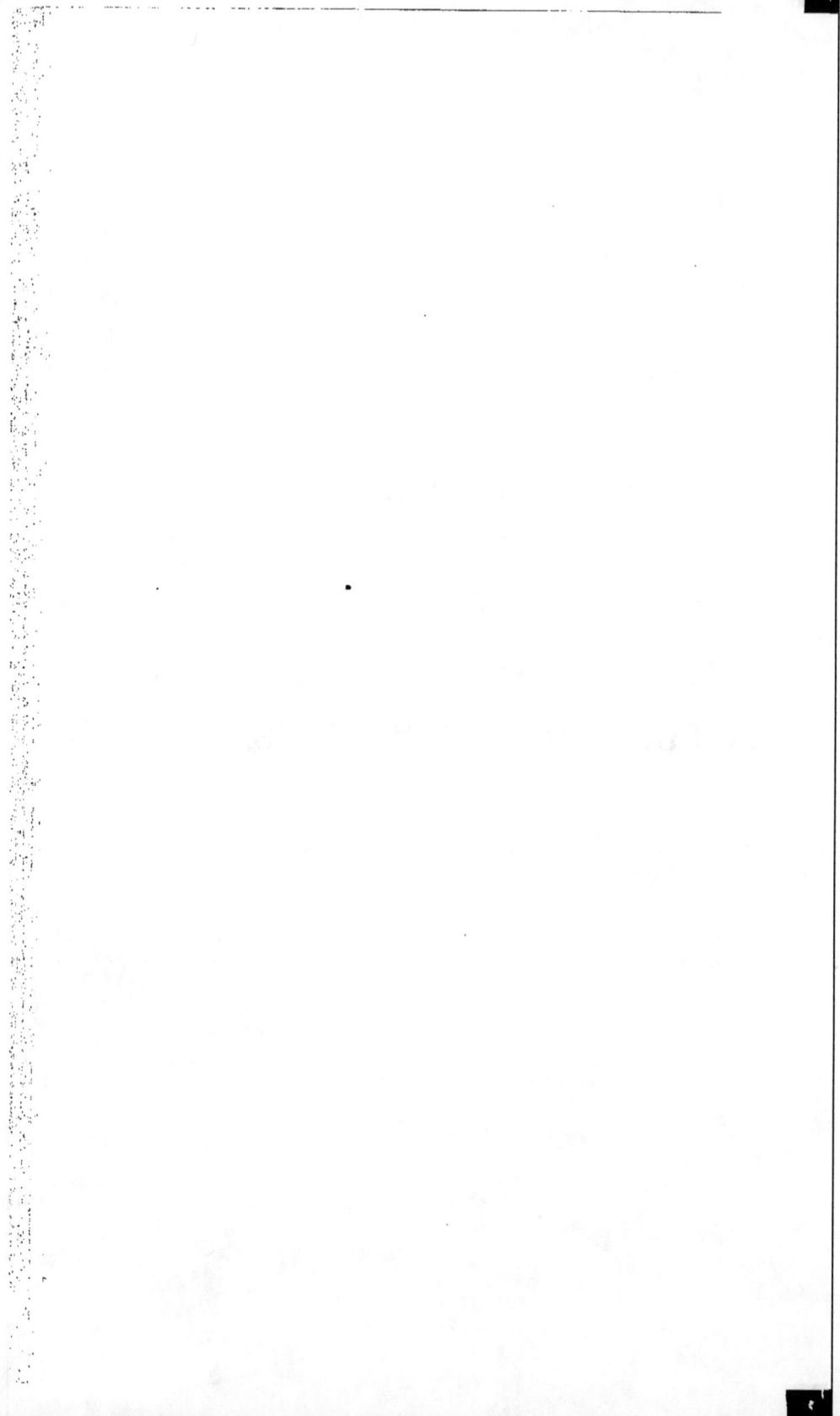

PREMIÈRE PARTIE.

—

TRAITÉ

DE

LA CULTURE DES MÛRIERS.

—◆—

§ 1.

DES DIFFÉRENTES ESPÈCES DE MÛRIERS.

Dans toutes les provinces où l'on veut se livrer en grand à l'éducation des vers à soie, il est d'abord indispensable de savoir cultiver le mûrier[1]. Or, les meilleurs mûriers pour l'éducation des vers sont ceux dont les feuilles sont grandes, rondes, très-abondantes, brillantes à la surface, et dont le tronc est blanchâtre et très-élancé. Les mûriers de ce genre sont appelés communément *ma-gwa*[2] ou « vrais mûriers ».

---

[1] Le mûrier se nomme en japonais リ ハ *konva*, et par contraction *kwa*, mot qui dérive, suivant le vocabulaire de la langue antique *Ken-ken-teï*, de *ko* « vers à soie » et de *va* « feuille ». En caractères idéographiques, il s'écrit généralement 桑 ; sa forme vulgaire est 桒 et ses formes archaïques les plus connues 槡 et 叒.

[2] 眞 マ 桑 グワ *ma-gwa* « vrai-mûrier ».

Les arbres dont les feuilles sont rares et dente-
lées, et qui produisent beaucoup de fruits, sont appelés *keï-sô*[1]. Bien qu'ils soient une espèce de ma-gwa,
ils sont cependant inférieurs à ceux qui portent ce
dernier nom.

Il existe aussi une plante à grandes feuilles qui
ressemble au mûrier : on l'appelle *no-gwa*[2]. Quoiqu'elle appartienne à la même espèce que le mûrier
proprement dit, on doit cependant la considérer
comme une plante différente [3].

[1] 荊 ケイ 桑 サウ *keï-sô* « mûrier épineux ». Ce mûrier se distingue par la minceur de ses feuilles, dont les veines ont une teinte
rougeâtre.

[2] 野 ノ 桑 グワ *no-gwa* « mûrier sauvage ».

[3] Parmi les noms de mûriers que nous avons rencontrés dans les
livres japonais que nous avons eus à notre disposition, nous citerons
les suivants :

山 ヤマ 桑 グワ *yama-gwa* « mûrier des montagnes ».

子 コ 桑 グワ *ko-gwa*, ou

實 ニ 桑 グワ *mi-gwa* « mûriers à fruits » (venant avant les
feuilles);

男 オ 桑 グワ *o-gwa* « mûrier mâle » (ne donnant pas de
fruits);

雞 ニハトリ 桑 グワ *niwatori-gwa* « mûrier des poules »;

花 ハナ 桑 グワ *hana-gwa* « mûrier à fleurs », qui paraît être le
même que le précédent;

§ II.

DE LA RÉCOLTE DE LA GRAINE DE MÛRIER.

Avec la graine qu'on retire des fruits de mûrier de première qualité, on n'obtient souvent que des arbres dont les feuilles sont mauvaises pour la nourriture des vers à soie.

Lorsque l'on veut se procurer des ma-gwa de première qualité, il faut d'abord choisir de bons mûriers; puis, au milieu du cinquième mois[1] (suivant le calendrier japonais), lorsque le fruit est très-mûr et a acquis une couleur rouge noire, il faut en choisir les graines. Les premiers fruits qui paraissent sont mauvais pour cet usage, et l'on doit recueillir les semences sur les fruits de la seconde pousse. On peut cependant prendre celles qui se trouvent au milieu des fruits de première pousse, mais en ayant soin d'en couper les deux bouts et de rejeter les graines qu'ils renferment[2].

白桑 *sira-gwa* « mûrier blanc », autre nom du ma-gwa.
Le petit Dictionnaire d'histoire naturelle japonaise intitulé *Bouts-bin-syok-meï*, auquel j'emprunte une partie des noms botaniques donnés ci-dessus, dit, à propos du *ma-gwa* : *ha-maroukou-togari-no mono* « c'est une espèce à feuilles rondes et à pointes ». Le même Dictionnaire caractérise au contraire le *yama-gwa* par ces mots : *ha-éda atté ousouki mono* « c'est une espèce qui a des feuilles et des branches minces ».

[1] Vers le mois de juin de notre calendrier.

[2] Les graines recueillies aux deux extrémités des fruits sont d'ordinaire petites et sans vigueur : les arbres qui en proviennent sont, par

Il faut laver les graines (choisies) avec soin dans un baquet, de manière à enlever les saletés, et prendre celles qui sont tombées au fond; puis on les mêle avec des cendres et on les sème [1] dans de la terre bien sèche, bien labourée et nivelée avec soin. On ensemencera légèrement, comme on le fait pour l'orge, et on recouvrira les graines d'un peu de terre (avec la main).

Au bout de vingt-cinq jours environ, les pourettes sortent de terre. Il faut alors arracher toutes celles qui viennent de lever, pour ne conserver que celles qui lèveront ultérieurement [2], et donner souvent du fumier à ces dernières.

La même année, vers le dixième mois [3], les jeunes mûriers auront atteint environ deux pieds [4] (de hauteur).

Or il faut reconnaître les mauvais mûriers qui ont

---

ce motif, toujours grêles et chétifs. On leur donne communément le nom de ニハトリ グワ *niwatori-gwa* « mûriers des poules ».

[1] Les graines de mûrier perdent facilement leur faculté germinative. On devra donc faire usage autant que possible de graines fraîchement récoltées, sans quoi l'on serait exposé à ce qu'il ne levât qu'une faible portion de celles qu'on aura confiées à la terre. Les graines récoltées l'année précédente doivent être semées de bonne heure au printemps; les unes et les autres ont besoin d'être abritées contre les rayons ardents du soleil.

[2] Les graines qui lèvent tardivement produisent un plant plus vigoureux et moins susceptible de maladies.

[3] Vers le mois de novembre de notre calendrier.

[4] Le pied japonais ou *syak* $\left(尺 \frac{5}{y} \right)$ mesure o^m,3o3.

levé de bonne heure et dont les racines ont une écorce d'un rouge très-foncé, et les bons mûriers venus ensuite, dont les racines sont blanches.

L'année suivante, vers l'équinoxe du printemps, on étête les pourettes de première qualité à cinq ou six pouces au-dessus du sol et on les transplante dans une bonne terre. Lorsque les bourgeons de l'arbre (commencent) à sortir, il faut élaguer les petites branches, de manière à n'avoir partout qu'une seule tige.

Chaque jour, lorsque les jeunes mûriers sont arrivés à leur croissance, il sort un grand nombre de bourgeons de l'aisselle des branches; on arrache souvent ces petits bourgeons pour que l'arbre ne forme qu'une seule tige. Alors de petits vers de couleur verte[1] montent sur les feuilles nouvelles, qu'ils font se recroqueviller. Il faut avoir soin d'enlever ces feuilles : sans cette précaution, elles deviendraient malades et empoisonneraient les vers à soie.

§ III.

DU CHOIX DES LIEUX POUR PLANTER LES MÛRIERS.

Quand on veut faire une grande plantation de mûriers, il faut savoir choisir le terrain autour des habitations des paysans, sur les bords élevés des ra-

---

[1] Il s'agit surtout ici des vers désignés au Japon sous le nom d'*aboura-mousi* (油 虫) « vers huileux ».

vins [1], ou en général dans les champs où la terre
est un peu ferme ; à coup sûr ils pousseront parfaite-
ment si l'on fait les ensemencements dans de la
terre mélangée de sable. Les mûriers viendront en
abondance sur les bords des ruisseaux, si on les
plante dans les endroits où l'eau s'écoule [2]. Si on
les plante dans de la terre sablonneuse mêlée de
terre franche et un peu humide, ils arriveront vite
à leur parfaite croissance [3].

En revanche, il faut savoir qu'on n'obtiendra point
de résultats et qu'on perdra sa peine si l'on choisit
une terre franche non humide, un endroit où la
terre est sèche, ou bien un lieu où la terre, de
couleur rougeâtre, conviendrait au contraire à la
culture des patates ou du tabac. Dans des terres de
ce genre, il n'est pas possible, même au bout de cinq
années, d'obtenir des mûriers comparables à ceux qui
viennent en deux ans dans les terres de premier
ordre [4] ; et quand même, dans les terrains défavo-
rables, on ne cesserait d'ajouter des engrais, on

---

[1] En japonais : 岸 キ シ *kisi.*

[2] En japonais : 水 ミ ヅ バ子 *midzou-bané.*

[3] Les mûriers à écorce blanche se plaisent surtout dans les terrains
inclinés et bien abrités, tels que les versants de collines, le long
des murailles exposées au levant, etc. — Les mûriers à écorce noi-
râtre réussissent dans les terres un peu grasses et humides.

[4] Littéralement : des terres supérieures (en japonais : 上 ジ ヤ ウ
地 チ *zyô-tsi*).

ne réussirait jamais à faire une grande éducation de
vers à soie.

§ IV.

DE LA MANIÈRE DE TIRER PROFIT DE LA CULTURE DES MÛRIERS.

Les provinces du Japon qui, les premières, ont
connu l'art d'élever les vers à soie, y ont trouvé une
source de grands profits, bien qu'on ait planté les
mûriers dans des champs incultes[1] de provinces
peu fertiles, dans des localités ou dans des plaines
désertes, sur les bords des cours d'eau, dans les endroits sablonneux et pierreux, où l'orge et les haricots ne peuvent croître, ou dans les montagnes.
Aussi est-il bien regrettable qu'il y ait encore des
provinces où l'on ignore la sériciculture, et dans
lesquelles se trouvent beaucoup de terres incultes
et d'immenses terrains vagues où pullulent des végétaux sans usage.

S'il est vrai que l'art secret d'élever les vers à soie
présente de nombreuses difficultés, il est certain
aussi que, lorsqu'on en ignore les préceptes, on
éprouve des pertes considérables, tandis que les
hommes expérimentés sont assurés d'obtenir chaque
année de grands profits.

[1] Les terrains qui sont demeurés plusieurs années sans culture
sont tout particulièrement propres à l'éducation des jeunes mûriers.
On doit toutefois leur faire subir un labour profond avant d'y planter
les ma-gwa.

D'un autre côté, ceux qui possèdent beaucoup de champs ou qui défrichent les terres incultes, lorsqu'ils savent bien cultiver les mûriers et élever en grand les vers à soie, doublent ou triplent chaque année leurs richesses.

Au Japon, dans les provinces où on se livre à l'éducation des vers à soie, les gens qui ont acquis de l'expérience dans cet art[1] ont coutume de faire des tournées pour le répandre. Il en résulte que les cultivateurs, grâce à leurs instructions, obtiennent aujourd'hui dix fois plus de profit que dans les années précédentes[2].

---

[1] On cite surtout, parmi les personnes expérimentées, les marchands de graines de vers à soie (en japonais: 種タネ屋ヤ tané-'a, litt. « maison de graines » ou 種タネ商アキ人ンド tané-akindo « commerçant en graines »), dont la plupart ont fait une étude sérieuse de la sériciculture, et qui, en parcourant le pays pour placer leur marchandise, examinent les locaux affectés à l'éducation des vers à soie et donnent des conseils aux paysans pour augmenter ou améliorer leurs produits.

[2] D'après des renseignements qui m'ont été fournis par plusieurs de mes amis japonais, les sériciculteurs indigènes, en raison des demandes considérables de soie faites par les Européens dans les ports où nos commerçants ont été admis par suite des récents traités, se sont livrés avec un redoublement de zèle à l'éducation des vers, et, grâce à leurs soins plus attentifs que par le passé, ils ont obtenu en 1865, dans la plupart des localités, une récolte supérieure à celle des années précédentes.

§ V.

DE LA MULTIPLICATION DES MÛRIERS PAR LE MARCOTTAGE.

Dans ces dernières années, le marcottage a acquis un grand développement dans les provinces orientales[1] et dans tout le pays d'Ô-syou[2].

Pour opérer le marcottage, on choisit des mûriers *ma-gwa* de première qualité et bien vigoureux. A la première décade du deuxième mois[3], au printemps (suivant le calendrier japonais), vers la troisième ou la quatrième année, on coupe ces arbres à cinq pouces environ au-dessus du sol. De nombreux bourgeons partent de l'endroit où s'est opérée cette coupure. C'est ce que, dans les provinces orientales (*kan-tô*)[4], on appelle *kwa-naï*[5]. On creuse une fosse

---

[1] En japonais : 東 國 *tó-gokoŭ* « provinces orientales ». Les géographes indigènes désignent sous ce nom les huit provinces du Nippon situées à l'est de l'empire, savoir : *Mousasi*, *Sayami*, *Awa*, *Simôsa*, *Kadzousa*, *Kô-dzouké*, *Simo-dzouké* et *Hitatsi*.

[2] En japonais : 奧 州 *Ô-syou*.

[3] C'est-à-dire vers le 6 du mois de mars, suivant notre calendrier.

[4] Par *kan-tô* (en japonais : 關 東 , litt. « barrière-est ») on entend les provinces orientales du Nippon que l'auteur de l'ouvrage japonais que nous traduisons désigne ordinairement sous le nom de *tó-gokoŭ* « provinces orientales ». (Voyez ci-dessus, note 1.)

[5] En japonais : 桑 苗 *kwa-naï* « bourgeons de mûriers ».

un peu profonde autour de la souche de ces mûriers, à peu près à un pied de distance des racines,
et on y dépose du fumier[1], car il serait mauvais d'en
mettre à la racine même des arbres.

L'année suivante, au printemps, il faut établir
un intervalle de sept à dix pouces[2] entre ces
branches (en les courbant) et avoir soin de ne laisser à chacune d'elles qu'une seule tige, en élaguant
les petits rameaux latéraux. Puis on gratte un peu
avec l'ongle ces branches auprès des rameaux qu'on
a arrachés et dans la partie qui doit être mise en
terre. Après avoir enlevé l'écorce à cet endroit, on
les enterre profondément, et on les fixe en les re-
couvrant de terre qu'on a soin de presser au-dessus. Cette même année, vers la deuxième décade
du neuvième mois[3], à l'endroit où l'on a gratté, il
pousse beaucoup de racines; c'est là un fait avéré.
Si, au contraire, on n'a pas eu soin de gratter, les
racines ne viendront que tardivement. Tel est le
procédé secret du marcottage des mûriers.

Dans la province d'Ô-syou[4], aux environs de la

---

[1] Voyez plus loin (p. 18 et suiv.), sur les engrais qui conviennent
aux mûriers, l'article étendu que l'auteur du traité que je traduis
ici a composé sur cette matière.

[2] Le pouce ou *soun* (dixième du pied japonais ou *syak*) équivaut
à 0^m,0303.

[3] C'est-à-dire vers le 17 octobre, suivant notre calendrier.

[4] La province d'Ô-*syou* 奥州 est située au nord-est du
Japon, entre le 37° et le 41° de latitude septentrionale.

ville de *Sen-daï*[1]; dans l'arrondissement de *Daté-góri*[2], près des villes de *Ni-hon-matsou*[3], de *Sira-kawa*[4] et d'*Aï-dzou*[5]; — dans la province de *Déva*[6], près des villes d'*Akita*[7] et de *Yoné-zawa*[8]; — dans la province de *Zyô-syou*[9], près des villes de *Nouma-ta*[10], de *Maë-basi*[11], de *Foudzi-oka*[12] et du village de *Yosi-i*[13]; — dans la province de *Mousa-si*[14], canton

[1] En japonais : 仙 臺 *Sen-dai.*

[2] En japonais : 伊 達 郡 *Daté-góri.*

[3] En japonais : 二 本 松 *Ni-hon-matsoŭ.*

[4] En japonais : 白 川 *Sira-kawa.*

[5] En japonais : 會 津 *Aï-dzou.*

[6] En japonais : 出 羽 *Dé-va.*

[7] En japonais : 秋 田 *Aki-ta.*

[8] En japonais : 米 澤 *Yoné-sawa.*—On fabrique dans cette ville et dans ses environs des soieries qui comptent au nombre des plus belles étoffes du Japon.

[9] En japonais : 上 州 *Zyô-syou* (autrement appelé 上 野 *Kô-dzouké*).

[10] En japonais : 沿 田 *Nouma-ta.*

[11] En japonais : 前 橋 *Maë-basi.*

[12] En japonais : 藤 岡 *Foudzi-oka.*

[13] En japonais : 吉 井 *Yosi-i.*

[14] En japonais : 武 藏 *Mousa-si* (autrement appelée 武 州 *Bou-syou*).

de *Tsitsi-bou*[1]; — dans la province de *Sin-syou*[2], près des villes de *Ouë-da*[3] et de *Zen-kô-zi*[4], ainsi que dans d'autres localités où l'on se livre à l'éducation en grand des vers à soie, depuis quelques années, on reproduit les mûriers par le procédé supérieur du marcottage. Les marcottes de mûrier ayant l'avantage de pousser vite et d'être pratiquées très-aisément, se font, depuis quelques années, sur une large échelle dans toutes les provinces du *Kan-tô* (provinces de l'est).

§ VI.

DE L'ENGRAIS DES MÛRIERS.

Voici les bons procédés pour fumer les racines des mûriers. En automne, il faut ramasser les feuilles qui sont tombées des arbres; ensuite on les met dans une écurie où, pendant dix jours environ,

[1] En japonais : 秩 父 *Tsitsi-bou*.

[2] En japonais : 信 州 *Sin-syou* (autrement appelée 信 濃 *Sina-no*).

[3] En japonais : 上 田 *Ouë-da*.

[4] En japonais : 善 光 寺 *Zen-kô-zi*. —Ce nom de ville est également celui d'un temple bouddhique très-ancien et tout à la fois l'un des plus beaux et des plus riches du Japon. Ce temple, auquel on arrive par d'immenses avenues plantées d'arbres, est environné de jardins et de bois qui comptent au nombre des plus charmantes promenades de l'empire.

elles sont piétinées par les chevaux; puis on les en-
tasse dans un endroit non exposé à la pluie, de façon à les faire pourrir; enfin on les mêle avec du
fumier de cheval. C'est avec cela qu'il faut fumer
les mûriers tous les mois.

En outre on fait usage d'un mélange de dolichos[1]
et de cendres que l'on fait sécher au soleil pendant
un jour. Il est très-bon d'enterrer ce mélange à la
racine des jeunes arbres.

L'hosi-ka[2] est le meilleur fumier; mais comme il
est très-coûteux, les paysans pauvres ne peuvent
pas en faire usage.

L'engrais humain, quand il a vieilli, est également bon pour les mûriers; cependant, lorsqu'on
l'emploie avant trente jours comme fumier, il n'est
pas bon pour les racines. Cet engrais, étant doué de
beaucoup de force, brûle les racines des mûriers.
Aussi, lorsqu'on se propose de se servir d'engrais
humain comme fumier, on doit, deux ou trois jours
après avoir fait les vidanges[3], le mêler avec de l'u-
rine et le mettre dans un endroit de la ferme qui

---

[1] Certaines espèces de dolichos, de qualité inférieure, sont sans
valeur au Japon; c'est ce qui fait qu'on ne craint point de les employer comme engrais. Souvent aussi on ne se sert que des cosses de
pois ou d'autres siliques pour cet usage.

[2] Espèce de petit poisson que l'on fait sécher.

[3] Au Japon, les vidanges se font environ tous les quinze jours. Ce
sont les paysans eux-mêmes qui se chargent de cette opération dans
les villes et qui achètent aux maîtres de maison les matières fécales

ne soit pas exposé à la pluie. Alors, vers le cinquième
jour, on remue bien cet engrais humain, et l'on re-
commence cette opération encore trois fois dans les
vingt jours suivants. Une fois que trente jours environ se sont écoulés depuis les vidanges, on mêle
de nouveau les excréments, devenus faibles, avec de
la vieille urine. Cet engrais, ainsi préparé, doit être
déposé à un peu de distance de la racine des mûriers.

Le premier fumier dont nous avons parlé, qui est
composé de feuilles d'arbres tombées au commencement de l'automne ou d'une espèce de dolichos[1],
ou bien encore d'herbe fauchée et pourrie, est un
fumier de première qualité pour les mûriers. Pour
les jeunes mûriers (de première année) et pour les

dont ils engraissent leurs terres. Ces matières fécales baissent de
prix lorsqu'elles sont mélangées d'urine, ce qui d'ailleurs arrive rarement, des cabinets séparés existant dans presque toutes les maisons pour
le *daï-ben* « grand nécessaire » et pour le *séó-ben* « petit nécessaire ». Par
ces mêmes motifs, on paye très-peu pour opérer les vidanges dans
les maisons des villes où habitent plus de femmes que d'hommes.
Dans les campagnes, on recommande la construction de cabinets
séparés pour les deux sexes, afin d'obtenir séparément, suivant l'usage
qu'on se propose d'en faire, les excréments des hommes qui peuvent
éviter de les mêler d'urine, et ceux des femmes, qu'on considère, par
suite du mélange, comme d'une qualité très-inférieure pour certaines
cultures.

[1] Les dolichos employés comme engrais par les Japonais se vendent à très-bas prix. Ils sont estimés des agriculteurs pour l'amendement des terres destinées à certaines plantations, notamment à
celle des mûriers.

mûriers replantés (de deuxième et de troisième année), c'est le fumier par excellence. Même versé
auprès de la racine des mûriers, il ne peut leur
faire aucun mal. La paille d'orge pourrie est également bonne comme engrais.

On doit toujours faire une grande attention de
donner soigneusement du fumier aux mûriers la première année de leur plantation. Si l'on n'y prenait
pas garde à cette époque, les mûriers n'arriveraient
assurément pas à leur parfait développement.

C'est ainsi que, lorsqu'on fait une faute en plan-
tant des rejetons de mûrier *ma-gwa* dans des champs
de première qualité et qu'on ne leur donne pas de
fumier avec soin, on obtient, au lieu de *ma-gwa*,
des mûriers sauvages, et alors il vient à ces mûriers beaucoup de petites branches qui n'arrivent
pas à leur parfait développement.

L'amendement des mûriers n'est pas une opération difficile. La première et la deuxième année
seulement il faut y faire bien attention. A partir de
la troisième année, l'opération n'offre pas de difficulté.

Après la troisième année, comme les mûriers ont
acquis de la vigueur, on peut sans inconvénient verser du fort fumier à leurs racines. Néanmoins, si
l'on commet des fautes, les mûriers finissent par devenir malades.

S VII.

DE LA MANIÈRE DE TRANSPLANTER LES JEUNES MÛRIERS.

La seconde année, à la dernière décade du second mois du printemps[1], on creuse la terre à la racine des jeunes buissons de mûriers (mis en éventail pour le marcottage), et, avec une serpette (de forme particulière[2]), on doit couper net tige par tige pour faire autant d'arbrisseaux. Puis on apporte de l'engrais humain et d'autre provenance dans les champs destinés à recevoir des plantations de mûriers. De la sorte, l'arbre primitivement unique arrive à produire dix tiges. C'est là une chose très-importante pour l'éducation des vers à soie.

Quant à ce qui concerne la manière de planter dans les champs ces jeunes mûriers, une fois qu'ils ont été séparés tige par tige, cela consiste à choisir la meilleure terre, qui est en général la terre noire, la terre sablonneuse ou bien encore une terre très-caillouteuse, et un endroit où, quand il pleut, l'eau parvient à s'écouler rapidement. C'est ainsi qu'on considère comme favorables à la culture des mûriers les collines sur les bords des rivières, a où se trouvent des endroits un peu humides, ou bien les endroits dans les champs où se rencontre une petite

---

[1] Vers la fin du mois de mars, d'après notre calendrier.

[2] En japonais : 鎌 カマ *kama*. Voyez notre planche VIII.

digue, que ce soit à l'exposition du soleil ou à l'ombre.

Il n'est pas mauvais de planter dans les champs de mûriers (et dans l'intervalle des arbres), de l'orge, des dolichos et autres plantes[1]. Néanmoins il est toujours préférable pour les mûriers de les cultiver isolément plutôt qu'au milieu des champs d'orge. En se livrant à cette culture unique, le développement des mûriers est tout différent et leur croissance est plus hâtive que dans les autres lieux; et c'est là une chose excellente pour les vers à soie.

Quant à ce qui touche à la plantation des tiges de jeunes mûriers dans les champs, il faut les planter à la distance d'un *ken*[2] environ les unes des autres. Si l'on plantait les mûriers d'une manière compacte, ils n'arriveraient pas à leur parfait développement.

Tout d'abord, vers le commencement du troisième mois, au printemps[3], il faut creuser des trous, dans l'intérieur desquels on a bien soin de laisser demeurer du fumier pendant quelques jours. La profondeur de ces trous doit être, en général, d'un *syak* et cinq à six *soun*[4].

---

[1] Parmi ces dernières, l'*imo*, espèce de pomme de terre, est très-commune dans les champs de mûriers des Japonais.

[2] Un *ken* = 1 ^{m},909.

[3] Vers le commencement du mois d'avril, suivant notre calendrier.

[4] C'est-à-dire de 0 ^{m},454 à 0 ^{m},485.

On profite d'un jour où il a tombé un peu de pluie pour planter les jeunes mûriers au milieu de ces trous; et, afin de les soutenir[1], on enfonce en terre des pieux, auxquels on a soin de les bien attacher.

Vers le vingtième jour suivant, alors que les jeunes mûriers ont pris racine, on les coupe à la hauteur de quatre *syak* environ[2], en leur laissant leur branchage; puis on verse du fumier de feuilles d'arbres pourri près de leur racine.

A la fin du cinquième mois[3] (du calendrier japonais), mettez dans les champs de mûriers de la paille d'orge et laissez-la à la pluie. Quinze à vingt jours après, il faut retourner la terre de ces champs de mûriers de façon à enfouir en terre[4] cette paille d'orge.

Quand on est arrivé au neuvième mois[5] (du calendrier japonais), dans l'automne, on creuse une petite fosse à la distance d'environ un *syak*[6] de la racine des jeunes mûriers, puis on y verse légèrement de l'engrais humain aussi vieux que possible, et

---

[1] Littéralement «pour les redresser».

[2] Environ 1^m,212.

[3] Vers le 1er juillet, suivant notre calendrier.

[4] Littéralement : «il faut mêler (cette paille de) l'orge dans l'intérieur de la terre.» (En japonais : *Kano mougi-wo tsoutsi-no naka-ni mazé narou-bési.*)

[5] Le neuvième mois japonais correspond à la fin du mois de septembre et à la plus grande partie du mois d'octobre, suivant notre calendrier.

[6] 0^v,303.

aussitôt on le recouvre avec la terre qui s'y trouvait auparavant. Et, afin de garantir ces arbustes du froid, il faut garnir de paille chaque tige de jeune mûrier à partir du vingtième jour du dixième mois[1] (du calendrier japonais). Cette précaution ne doit être prise que la première année; l'année suivante, cet empaillage n'est pas nécessaire.

Chaque année, quand vient le froid, il faut avoir bien soin de faire usage de l'engrais connu sous le nom vulgaire de *kan-goï*[2] «fumier des froids»; et pour ce qui est de ce fumier des froids, il est inutile de faire des trous près des racines pour le déposer. On peut verser de l'engrais humain à une petite distance de la racine des jeunes mûriers, et l'on répète cette opération de la même manière au printemps suivant, vers le deuxième mois[3] (du calendrier japonais).

Vers le troisième mois[4], on coupe les petites branches qui viennent aux jeunes mûriers et l'on conserve seulement les grandes. Dans ce mois-là, l'usage du fumier *simo-goï*[5] n'est pas bon; il faut verser

[1] C'est-à-dire à dater du 15 du mois de novembre, suivant notre calendrier.

[2] En sinico-japonais : 寒 カ ン 糞 ヰ *kan-goï.*

[3] C'est-à-dire vers le mois de mars, suivant notre calendrier.

[4] Le troisième mois japonais commence vers le 5 du mois d'avril de notre calendrier et finit vers le 4 du mois de mai.

[5] En japonais : 下 モ 糞 ヰ *simo-goï* (bas fumier) «fumier inférieur».

aux racines des mûriers des feuilles d'arbres gardées
en réserve l'année précédente, et qu'on aura mélangées avec des ordures d'écurie réduites en pourri-
ture. Au bout de quatre ou cinq jours, on mêle
tout cela avec la terre des champs.

Les feuilles de ces mûriers, comme elles sont
tendres, sont très-bonnes à donner à manger aux
vers à soie, à partir de leur éclosion jusqu'au dixième
ou quinzième jour. Plus tard on peut faire manger
aux vers des feuilles provenant de mûriers âgés de
trois à cinq ans.

Dans les plantations de mûriers, là où se trouvent des mûriers nains (en buisson[1]), des vers de
terre en grand nombre montent sur les feuilles et
les dévorent, ou bien ils rendent l'arbre malade.
De même, lorsque les mûriers sont extrêmement
élevés, ce n'est pas avantageux. C'est ce qui fait qu'en
ces derniers temps on a eu soin, dans les provinces
où l'on élève beaucoup de vers à soie, de faire des
mûriers d'une taille égale à celle des paysans.

Or, il y a une recette[2] pour couper les branches
de ces mûriers; avant tout, il faut abattre en un
coup les branches avec un couteau de fer[3] qui a été
bien repassé sur une pierre. Si on a un mauvais

---

[1] En japonais : 根 子 桑 né-gwa (racine-mûrier).

[2] Littéralement : ヒ ゴ hi-zi « affaire secrète ».

[3] Voyez la figure de ce couteau sur notre planche VIII.

procédé pour couper les branches, assurément les mûriers deviendront malades et mourront.

Pour nourrir une feuille de graines de vers à soie, il faut planter un nombre de mûriers de première qualité supérieur à cinq cents tiges. Néanmoins, cinq cents mûriers plantés dans un endroit où la terre est mauvaise ne valent pas trois cents mûriers plantés dans une terre de première qualité. Il faudra en conséquence avoir soin de planter dans les terrains de basse qualité un nombre de mûriers double de celui qu'on planterait dans les terres de première qualité.

Les gens qui possèdent beaucoup de terres doivent donc faire souvent attention de planter des mûriers et de les multiplier de façon à en avoir une quantité un peu plus considérable que celle qui leur est nécessaire pour la nourriture de leurs vers à soie. Les mûriers qui, dans ces conditions, leur seront superflus, ils en vendront les feuilles à ceux qui possèdent des vers à soie et peu de mûriers, et de la sorte ils en tireront quelque profit; et, en assurant à d'autres une source de bénéfices, ils contribueront à enrichir le peuple du pays.

§ VIII.

DES MALADIES DES MÛRIERS.

Dans la première décade du quatrième mois[1],

___
[1] C'est-à-dire du 4 au 13 mai de notre calendrier.

alors que les vers à soie commencent à naître, il faut inspecter les champs de mûriers et faire attention à ce que des araignées ou d'autres insectes de toutes sortes ne montent pas sur les jeunes branches; car si par mégarde on faisait manger aux vers à soie des feuilles de mûrier sur lesquelles des araignées auraient fait leur nid, très-certainement les vers à soie deviendraient d'une couleur rougeâtre et mourraient.

Il faut également faire attention s'il se trouve des nids d'abeilles sur les branches de mûriers. Dans le cas affirmatif, il faut ôter les feuilles sur lesquelles se trouveraient les nids et bien laver les branches dans de l'eau[1]; puis, quand on les a bien égouttées, on peut les donner à manger aux vers à soie, car il faut bien se garder de leur faire manger des feuilles de mûrier encore mouillées.

Lorsque les vers de terre montent sur les mûriers, il faut mettre à la racine de ces arbres des cendres dites *akou ki*[2], et alors ces vers ne peuvent y monter pour y faire leur nid.

En outre, les vers appelés vulgairement *syak-tori-mousi*[3] se multiplient considérablement sur les mû-

---

[1] On doit faire cette opération après avoir coupé les branches et avant de les apporter à la magnanerie, parce que les abeilles gâtent toutes les feuilles sur lesquelles elles ont marché.

[2] En japonais : 灰氣 *akoŭ-ki.*

[3] En japonais : 尺斗虫 *syak-tori-mousi.* —

riers, dont ils dévorent les jeunes pousses; et alors les branches qui dépérissent sont nombreuses.

Vers le dixième jour du quatrième mois [1], une inspection attentive des champs de mûriers devient nécessaire. En ce moment, en fait d'amendement, l'engrais humain est mauvais; si l'on en donne aux arbres, des vers de toutes sortes s'y rassemblent en foule, et alors il faut examiner avec soin les branches de mûrier et en enlever les nids de petits oiseaux ou autres qui pourraient s'y trouver.

D'abord on coupera les petites branches de mûrier et on les donnera à manger aux vers à soie; ensuite et successivement on coupera les grandes branches qui auront été conservées. Alors plus que jamais il faudra examiner avec soin s'il s'y trouve des nids d'araignées.

Les petites branches de mûrier qui sont trop touffues ne sont pas bonnes. Là où les branches de mûrier sont touffues, il faut conserver les grandes et couper les petites branches. Il faut faire en sorte que le vent puisse circuler (aisément) à la tête des mûriers. Si on laisse au cœur de l'arbre un amas de petites branches, les araignées s'y rassemblent en grand

M. Gochkiévitch, dans son *Roussko-Yaponskii Slovar*, explique ce nom par Гусеницы бабочекъ, называемыхъ Геометрами (chenilles de papillons nommées *géomètres*).

[1] C'est-à-dire vers le 13 du mois de mai, suivant notre calendrier.

nombre; en outre, les insectes appelés *siro-mousi*[1]
s'y établissent en foule et donnent la maladie aux
feuilles, qui deviennent un grand poison pour les
vers à soie.

Quand les feuilles de mûrier sont touffues, elles
deviennent rougeâtres, et les mûriers qui tombent
malades de la sorte ne peuvent pas servir cette année à la nourriture des vers à soie.

Il faut examiner avec soin les symptômes de la
maladie des mûriers et agir en conséquence, suivant qu'elle provient d'un changement atmosphé-
rique, d'insectes qui se sont fixés sur l'arbre, ou
d'un engrais disproportionné.

Lorsqu'il s'agit de changements atmosphériques
(lorsqu'il fait trop froid), nulle part les mûriers ne
sont touffus. En outre, quand les vers naissent et
qu'il y a de fortes gelées blanches, les feuilles de
mûrier sont malades; et dès le moment où l'on
manque de feuilles de mûrier, les vers deviennent
malades à leur tour et on les perd.

Or, comme la gelée blanche rend très-malades les
feuilles de mûrier, à la naissance des vers, quand on
songe à garantir les arbres, on suspend une estère
tous les soirs sur les mûriers exposés au soleil[2]. Le

---

[1] En japonais : 白 虫 *siro-mousi* (litt. ver-blanc), espèce d'insecte ailé.

[2] Les feuilles des mûriers exposés au soleil se développent de bonne

lendemain matin, quand le soleil se lève, on retire cette espèce d'estère, de façon que l'arbre puisse un peu se réchauffer. Toutefois, il n'est pas nécessaire de suspendre de telles nattes contre la gelée au-dessus de tous les mûriers (mais seulement sur ceux dont le feuillage est nécessaire pour la nourriture des vers qui viennent de naître). Et en effet, pour nourrir les vers à soie provenant d'une feuille de graines, il suffit de garantir (contre le froid) environ cinq arbres, car les vers à cette époque sont encore petits et ne mangent pas beaucoup de mûrier. Voilà pourquoi cinq arbres de première qualité suffisent pour subvenir à la nourriture des jeunes vers.

Il est mauvais de donner souvent du fort fumier aux racines des mûriers. Si les arbres deviennent malades par suite d'un fort engrais, il faut dès lors éviter de leur mettre du fumier; et, dès le moment où l'on a donné trop de fumier aux mûriers, il faut souvent arroser d'eau leurs racines.

S'il arrive que, dans quelques endroits, il vienne à pousser en quantité des mousses de couleur vert clair sur les mûriers, ces arbres deviennent très-malades. Dans ce cas, il faut laver avec de l'eau

heure; au contraire, les feuilles des mûriers plantés à l'ombre se développent tard; c'est ce qui explique pourquoi il faut garantir les mûriers qui se développent rapidement à l'exposition du soleil. (*Note de l'auteur japonais.*)

pure ces mousses, en faisant usage d'une poignée
de paille (en guise de brosse).

Quand on nourrit les vers à soie avec les feuilles
de mûrier, il faut faire attention qu'elles ne soient
pas entachées d'excréments d'oiseaux. Si l'on fait
manger aux vers à soie des feuilles entachées de la
sorte, ils deviennent malades quelque temps après.

Lorsque, à l'époque de la naissance des vers à soie,
au printemps, il vient à tomber une forte gelée
blanche, les jeunes pousses de mûrier périssent
souvent. Dans ce cas, il faut avoir soin de verser du
fumier faible aux racines des arbres ; et, lorsque la
sécheresse est grande, il faut arroser ces racines[1].

Prenez garde qu'il ne pousse des herbes autour
des mûriers. Si, dans les champs destinés à ces arbres, il y a d'autres plantations, elles ne doivent être
faites qu'à la distance de deux *syak*[2] des racines[3].

---

[1] Le matin de bonne heure et le soir. (*Commentaire.*)

[2] o^m,6o6.

[3] Les mûriers qui croissent dans les champs où l'on ne s'adonne
pas à d'autres cultures sont, comme on l'a dit plus haut, d'une vigueur et d'une richesse de feuillage tout à fait supérieures. Toutefois
beaucoup de paysans ne consentent pas à perdre les produits qu'ils
peuvent retirer des espaces de terre laissés vacants entre chaque arbre.
Les végétaux qui sont cultivés avec le moins d'inconvénient entre
les pieds de mûrier par les paysans japonais sont les suivants :
l'orge (japonais : ムギ *mougi*), le millet (japonais : キビ *kibi*),
la patate (japonais : イモ *imo*), les fèves (japonais : ソラ
マメ *sora-mamé*), les dolichos (japonais : マメ *mamé*), les pois
(japonais : エンドウ *yen-dô*), et toutes sortes de légumes.

Si l'on prend ces précautions, il n'y a aucun doute que l'on n'obtienne des mûriers de première qualité.

§ IX.

DU PRIX DES FEUILLES DE MÛRIER.

Bien que les paysans aient beaucoup de vers à soie dans toutes les provinces du Japon, à l'époque de leur éducation, quand les feuilles de mûrier sont très-chères[1], ceux qui sont pauvres ne parviennent pas à élever leurs vers à cause de cette cherté des feuilles, et ils ne peuvent faire autrement que de les jeter à la rivière ou dans les champs. Et par cela seul qu'ils n'ont pas assez de feuilles de mûrier, leurs longs travaux sont perdus ainsi que leur argent. Combien cela est triste!

§ X.

DE L'ABANDON ACTUEL DE LA GREFFE.

Quoiqu'il y ait toutes sortes de manières de greffer[2] les mûriers, le procédé du marcottage doit suffire.

---

[1] Il est difficile d'indiquer, même approximativement, le prix des feuilles de mûrier sur les marchés japonais, prix qui varie sans cesse. Il faut donc se borner à dire que ces feuilles se vendent d'ordinaire par brassées qui coûtent de un à huit *tem-pó* (de 12 cent. 1/2 à 1 franc). Souvent aussi les branches de mûrier se dessèchent sur le marché sans qu'il se soit présenté d'acheteur, et elles ne sont plus employées à aucun usage

[2] La transformation des végétaux au moyen de la greffe est très-

3

Dans les provinces septentrionales et orientales, on ne fait plus usage du greffage; dans les provinces centrales, au contraire, cette pratique dure encore [1].

On élève les vers à soie sur une grande échelle dans les provinces orientales, septentrionales et centrales. Ailleurs on n'en élève pas beaucoup [2].

fréquente au Japon, et les cultivateurs indigènes emploient un bon nombre de procédés différents pour cette opération. Toutefois, ce sont le plus souvent des hommes spéciaux qui sont appelés pour le greffage. Dans les provinces centrales de l'empire où l'on élève des vers à soie, les systèmes de greffe les plus répandus sont ceux que les paysans désignent sous le nom de 取接 *tori-tsoŭgi*, et de ナゲ入接 *nagé-iré-tsoŭgi*.

[1] Voyez la carte séricicole du Japon jointe à ce volume.

[2] En japonais :

蚕ハ東國ヲ北國ヲ中國にく多クの其外のところにそいひ多ろふりそに

Kaïko-va tô-gokoŭ-to hokoŭ-kokoŭ-to tsyou-gokoŭ-nité ohokoŭ kaï, sono hoka-no tokoro-nité-va ta-boun-ni kawadzoŭ.

FIN DU TRAITÉ DE LA CULTURE DES MÛRIERS.

DEUXIÈME PARTIE.

—

TRAITÉ

DE

L'ÉDUCATION DES VERS A SOIE.

3.

DEUXIÈME PARTIE.

—

TRAITÉ

DE

L'ÉDUCATION DES VERS A SOIE.

§ I.

LOCALITÉS OÙ L'ON ÉLÈVE EN GRAND LES VERS À SOIE.

Dans les régions montagneuses de l'empire japonais, il y a de nombreuses localités où l'on se livre
à l'éducation des vers à soie. Le *Hari-ma*[1], le *Mima-
saka*[2], parmi les provinces de *Tsiou-gokoŭ*[3]; — le
Tam-ba[4], le *Tan-go*[5], le *Ta-zima*[6], parmi les pro-

[1] En japonais : 播 磨 *Hari-ma.*

[2] En japonais : 作 美 *Mima-saka.*

[3] En japonais : 中 國 *Tsiou-gokoŭ* « provinces centrales ».

[4] En japonais : 丹 波 *Tam-ba.*

[5] En japonais : 丹 後 *Tan-go.*

[6] En japonais : 但 馬 *Ta-zima.*

vinces du *San-in-dó*[1]; — près de *Myako*[2], dans l'*Oo-mi*[3]; le *Mou-sasi*[4], le *Kô-dzoŭké*[5], le *Simo-dzoŭké*[6], le *Ka-ï*[7], le *Sina-no*[8], le *Dé-va*[9], le *Moutsoŭ*[10], parmi les provinces du *Tô-gokoŭ*[11]; — tous ces pays de montagnes et (un peu) froids sont beaucoup meilleurs que les provinces méridionales pour l'éducation des vers à soie[12].

[1] En japonais : 山ザン 陰イン 道ダウ *San-in-dó.*

[2] En japonais : 京ミャコ *Myako* « la capitale », autrement dite *kyó-to.*

[3] En japonais : 近オゝ 江ミ *Oo-mi.*

[4] En japonais : 武ム 藏サシ *Mou-sasi.*

[5] En japonais : 上コゥ 野ヅ *Ko-dzoŭké.*

[6] En japonais : 下モ 野ヅ *Simo-dzoŭké.*

[7] En japonais : 甲カ 斐ヒ *Ka-ï.*

[8] En japonais : 信シ 濃ノ *Sina-no.*

[9] En japonais : 出デ 羽ハ *Dé-va.*

[10] En japonais : 陸ム 奥ツ *Moutsoŭ.*

[11] En japonais : 東トゥ 國ゴク *Tô-gokoŭ* « provinces orientales ».

[12] Ces localités ne sont pas les seules où l'on rencontre des élevages de vers à soie; mais ce sont à coup sûr les plus importantes et en même temps celles qui ont été tout particulièrement étudiées par l'auteur de ce traité. Dans presque toutes les provinces de l'archipel de l'Asie orientale, on trouve d'ailleurs des paysans qui se livrent à la sériciculture; mais, en dehors des endroits mentionnés ci-dessus, on compte peu d'éducations importantes. D'après un document japonais dont je

§ II.

MANIÈRE DE DISTINGUER LA BONNE GRAINE DE LA MAUVAISE.

Les meilleures localités du Japon d'où l'on tire
la graine de vers à soie sont, avant toutes, celles de la
province d'*Ô-syou*[1]. Les endroits renommés pour la
production de ces graines sont situés dans les environs de *Sen-daï*[2], de *Daté*[3], de *Ni-hon-matsoŭ*[4], de

dois la communication à la mission envoyée cette année en France par
S. A. le taïsyou de *Satsoŭ-ma*, le domaine féodal de ce prince est très-
propre à la culture des mûriers et à l'élevage des vers à soie. La région
tempérée qui environne les hauteurs du mont *Kiri-sima-yama* est
favorable pour l'établissement de grandes magnaneries, et elle en serait couverte si le gouvernement local ne s'y opposait pas dans le but
de protéger au contraire la culture du riz. Aux îles *Lou-tchou* même,
où la température est déjà très-élevée, on trouve encore quelques éducations de vers à soie. Les paysans qui s'y adonnent se livrent eux-
mêmes au tissage d'étoffes qui sont assez grossières, mais très-so-
lides. Voyez, pour plus de détails, mon Rapport à S. Exc. le ministre de
l'Agriculture, du Commerce et des Travaux publics inséré à la suite
de cette traduction, et la carte qui accompagne ce volume.

[1] La province d'*Ô-syou* (en japonais 奥 州) est située
au nord-est du Japon. C'est non-seulement la province la plus célèbre
pour la graine de vers à soie, mais encore une des régions les plus renommées pour leurs magnaneries et leurs tissus. A *Sen-daï* notamment, où réside le principal prince féodal de cette partie du Nippon,
il se fait un grand commerce de soieries, et quelques négociants y ont
acquis des fortunes extraordinaires.

[2] En japonais : 仙 臺 *Sen-daï.*

[3] En japonais : 伊 達 *Da-té.*

[4] En japonais : 二 本 松 *Ni-hon-matsoŭ.*

Sino-bou[1], et de *Aïzoŭ*[2]. Dans la province de *Sin-syou*[3], les graines de *Ouë-da*[4] sont de qualité supérieure. Il en est de même des graines provenant des environs de *Kyô-to* (la capitale[5]) et des provinces d'*Oo-mi*[6] et de *Tazi-ma*[7].

Dans les provinces de l'est, la graine d'*Ôsyou* est considérée comme étant de la meilleure qualité; celle de Sinsyou vient ensuite. Toutes les graines des autres provenances ne sont pas bonnes pour les éducations entreprises dans les provinces orientales du Nippon.

Ce qu'il y a d'avantageux dans la graine d'*Ôsyou*, c'est que les vers qui en proviennent sont très-vigoureux dès leur naissance et ne sont ensuite que bien rarement malades; ils ne mangent pas beaucoup de

---

[1] En japonais : 信 シ 夫 ブ *Si-no-bou.*

[2] En japonais : 會 イ 津 ズ *Ai-zoŭ.*

[3] En japonais : 信 シン 州 シウ *Sin-syou.*

[4] En japonais : 上 ウ 田 ダ *Ouë-da.*

[5] En japonais : 京 キョウ 都 ト *Kyô-to.* C'est le nom par lequel les indigènes désignent le plus communément leur véritable capitale et la résidence de leur *mikado* ou souverain pontife. En Europe, on appelle le plus souvent cette ville *miya-ko* « le lieu du palais », expression employée d'ailleurs par les historiens japonais eux-mêmes.

[6] En japonais : 近 オ 江 イ *Oo-mi.*

[7] En japonais : 但 タ 馬 マ *Tazi-ma.*

feuilles de mûrier et donnent des cocons qui l'emportent sur ceux de toutes les autres provinces. En effet, il est étonnant combien sont beaux les cocons de première qualité qu'ils produisent.

On a calculé qu'en élevant les vers à soie qui naissent des graines d'Ôsyou, on obtenait des bénéfices d'autant plus grands que, depuis le commencement jusqu'à la fin de leur éducation, ces vers ne consomment qu'une quantité très modérée de feuilles de mûrier. Puis, si l'on calcule le poids des cocons qu'ils produisent, on trouve qu'ils donnent beaucoup de bénéfice.

Ensuite, la graine des environs d'Ouëda, dans le département de Sinsyou, est encore une bonne graine. Néanmoins, elle est un peu inférieure à celle d'Ôsyou.

Quant aux autres graines, elles présentent une grande infériorité sur celle d'Ôsyou, en ce sens que les vers qui en proviennent consomment une grande quantité de feuilles de mûrier, ce qui leur cause des maladies et en fait mourir beaucoup d'eux-mêmes, entre le vingtième et le vingt-cinquième jour de l'éducation. D'autres fois, après avoir consommé beaucoup de feuilles, beaucoup d'entre ces vers ne font pas de cocons.

Si l'on songe à élever des vers à soie avec toute garantie (de succès), le mieux est d'élever des graines d'Ôsyou, en ayant soin d'examiner avec précaution celles qui sont bonnes et celles qui sont mauvaises.

Quand on veut acheter de la graine de vers à soie, il faut faire bien attention de distinguer les vraies graines d'Ôsyou et les fausses.

Il y a trois espèces de graines de vers à soie : l'une est de couleur un peu noire; une autre est un peu couleur de chair; la dernière, enfin, est de couleur grise avec des petits points noirâtres. Mais ce n'est pas par la couleur qu'on peut distinguer les bonnes semences des mauvaises.

Les graines de la meilleure qualité sont celles qui sont assez égales et d'une nature vigoureuse, au milieu de l'œuf desquelles il y a de petites dépressions, et qui sont bien disposées sur des feuilles bien garnies, sans superpositions et sans donner de mauvaise odeur. Il faut savoir en outre que la graine de première qualité est bien attachée au carton sur lequel a eu lieu la ponte.

Il y a des prix supérieurs et inférieurs pour la graine[1]. Il est indifférent que la couleur des papillons (dont elle provient) soit noire ou blanche; mais il faut choisir des sujets pleins de vie et ro-

---

[1] Le prix d'un carton de véritable graine d'Ôsyou était, en 1860, c'est-à-dire avant que les Européens eussent motivé la hausse de cet article, de quatre *itsi-bou* (environ 8 francs) pour la première qualité. Les qualités inférieures de cette même graine se vendaient de 2 à 3 *itsi-bou* le carton.

bustes. La bonne graine de vers à soie est à un prix
élevé, et il faut savoir que la graine vendue à prix
inférieur provient de mauvais papillons. La graine
de première qualité provient aussi de papillons sor-
tis de vers à soie bien nourris dans les provinces où
l'on a planté des mûriers *ma-gwa* en de bons endroits situés sur le bord des rivières. Quant à ce
qui est de la distinction de la bonne graine et de la
mauvaise, (il est avéré) que les grains des graines
qui, tantôt grands, tantôt petits, ne présentent point
d'égalité entre eux, dénotent des graines de qualité
inférieure, tandis que les graines ni grandes ni petites,
mais égales, sont des graines de première qualité.

Quand on achète des graines, il faut s'assurer si
on n'a pas fait de fautes dans l'éducation des vers
d'où elles proviennent et s'ils ont eu suffisamment
de mûrier à manger.

Une fois les graines achetées, il faut les introduire dans des sacs de papier du pays, de façon à ne
pas empêcher absolument l'air d'y pénétrer, et accrocher ces sacs, depuis l'été jusqu'au printemps
de l'année suivante, dans un endroit frais.

L'huile, le sel, le tabac, les diverses espèces de
métaux, le camphre, la combustion du charbon de
terre, l'odeur du gaz, sont de grands poisons pour
les graines de vers à soie; il faut en outre ne pas en
suspendre (les sacs) auprès des murailles (afin d'éviter
que les graines ne soient détériorées par l'humidité).

Quelques personnes prétendent qu'il est mauvais
d'envelopper les graines dans des morceaux de
toile On dit aussi que si l'on suspend (les sacs) au-
dessus des lampes, ils ne produisent pas de vers à
soie. Bref, il faut se garder, en général, d'approcher
(les graines) de choses qui exhalent une mauvaise
odeur.

Gardez-vous de placer (les sacs renfermant des
graines de vers à soie) dans des lieux exposés au
soleil ou dans des endroits contigus aux foyers.

Quand bien même on achèterait de la graine d'Ô-
syou et que l'on prendrait les cocons de première qualité de cette même année (pour en obtenir de la graine),
les vers à soie qui en naîtront, si on les élève dans
la même localité, consommeront beaucoup de mûrier; et, après être devenus noirâtres, ils mourront
de maladie en grand nombre; ou bien, vers le vingt-
cinquième jour de l'éducation, ils (cesseront de)
manger du mûrier et périront. Pour obtenir un bénéfice assuré en élevant les vers à soie, il est nécessaire chaque année d'acheter de nouveau de la graine
d'Ôsyou.

§ III.

DES BONS ET DES MAUVAIS VERS ET DE LA MANIÈRE DE RECONNAÎTRE LEURS MALADIES.

Les vers à soie de qualité supérieure sont ceux
qui, le septième ou le huitième jour après qu'on les

a fait tomber (des cartons en les balayant avec une plume), refusent leur nourriture de mûrier pour entrer dans la période de leur première mue. Ceux qui la refusent vers le sixième jour sont de la qualité moyenne. Enfin, ceux qui la refusent vers le quatrième jour sont de qualité inférieure.

Durant le premier sommeil, si les vers à soie ont des renflements (nœuds blancs), et s'il en sort de l'eau, ils deviennent mauvais à l'époque du quatrième sommeil. Or il faut savoir que cette maladie atteint tous les vers qui ont eu froid; une maladie du même genre frappe tous les vers qui ont eu trop chaud. Il faut savoir aussi que les vers qu'on trouve morts, lorsqu'on les nettoie après la première mue, ont péri par suite de l'humidité qui aura pénétré par les interstices des fenêtres.

Lors du deuxième et du troisième sommeil, il arrive qu'un grand nombre de vers prennent une tête mince; si ces vers ne mangent pas bien le mûrier, cela vient de ce qu'ils sont trop entassés pour prendre leur nourriture. Et, s'il y a beaucoup de vers qui se ratatinent à l'époque du troisième sommeil, c'est parce qu'ils ont été exposés à une chaleur (excessive).

Il y a aussi des vers que l'on appelle *i-sirazou*, « qui ne savent pas habiter »[1]. Ces vers viennent de

Mata i-sirazoù to i'on kaiko ari.

ce que l'on n'a pas fait attention à bien équilibrer le froid et le chaud. Ils portent différents noms, suivant les pays. Si on laisse venir de la moisissure dans la litière des vers, les vers deviendront en grand nombre des *i-siradzoŭ*. En outre, il arrive que les vers montent en foule sur les rebords de leur plateau, parce qu'ils deviennent malades à cause de leur pléthore. Parfois il se trouve parmi les vers à soie des individus appelés *ran-syô*[1] (qui chassent les autres vers pour manger leur pâture ou qui cherchent à sortir de leurs plateaux).

S'il advient un fort orage, fermez de suite la porte de la magnanerie. Les orages sont très-funestes pour les vers et leur causent toutes sortes de maladies.

Lorsque la tête des vers à soie, quelques jours avant le quatrième sommeil, devient rouge clair, il faut savoir que cela tient à ce que, étant encore tout jeunes, ils ont été exposés à une température ou à un chauffage trop élevé.

Quand les vers se réveillent de leur premier sommeil, s'il en est qui ne changent pas de peau, cela vient de ce que, dans leur première jeunesse, on leur a fait manger des feuilles de mûrier mêlées avec des feuilles d'autres arbres.

Lorsqu'il arrive, par hasard, que dans un endroit

---

[1] En japonais : 亂ラシ 性シ ャリ *ran-syô* « nature désordonnée ».

l'éducation des vers à soie n'a pas réussi, tout le
monde, les enfants eux-mêmes, ne manquent pas
de dire que c'est par suite des changements de
temps; cependant, c'est (uniquement) parce que
beaucoup de gens ne connaissent pas les causes des
maladies qu'ils perdent beaucoup d'argent; (et) bien
souvent les vers à soie tombent malades parce qu'on
les a mal soignés pendant leur premier âge.

En outre, si la provenance des graines a été mauvaise, il n'y a rien à faire. C'est pourquoi il est indispensable, quand on achète des graines, de savoir
bien distinguer celles qui proviennent des bonnes
sources de celles qui en sont des imitations.

§ IV.

DES PRÉCAUTIONS À PRENDRE CONTRE LES RATS.

— DE LA CONNAISSANCE DES CHOSES DANGEREUSES POUR LES VERS À SOIE.

Les graines de vers à soie sont un objet dont les
rats sont friands; il faut donc accrocher les cartons
de graines à un endroit élevé (au plafond) où les
rats ne peuvent atteindre. A partir du sixième mois[1]
jusqu'à l'arrivée du froid, il faut avoir soin de les
exposer à l'air.

Il arrive souvent que les rats mangent les vers à
soie, pendant la période (qui s'écoule) depuis leur
naissance jusqu'au moment où ils font leurs cocons.

[1] Le sixième mois japonais répond au mois de juillet de notre
calendrier.

La perte des vers à soie n'est pas peu de chose; il faut donc y faire bien attention.

Les objets funestes[1] pour les vers à soie sont : le tabac, la fiente de petits oiseaux qu'on a laissée par mégarde sur les feuilles de mûrier données aux vers, l'odeur du *zanthoxylon*[2], l'huile (provenant le plus souvent des doigts), le sel, les (différentes) espèces de noix, la résine des pins, la résine des cèdres[3], la cuisson de tous les poissons donnant une odeur mauvaise; tout cela n'est pas bon. Les vers à soie qui ont subi l'influence de ces choses dangereuses deviennent d'un rougeâtre clair, et tout à coup se ratatinent et meurent. Il faut faire grande attention d'éviter ces poisons.

Lorsque le ciel demeure pluvieux pendant longtemps, il est mauvais de donner des feuilles mouillées à manger aux vers à soie. Dans ces circonstances, on attache des cordes aux piliers de la maison et l'on suspend à ces cordes les feuilles de mûrier qui sont humides; quand l'eau s'en est bien écoulée, on les donne à manger aux vers à soie.

Lorsqu'il tombe de la pluie, il faut faire égoutter avec soin les feuilles qu'on a coupées à l'avance et les tenir prêtes pour les donner à manger aux vers à soie.

[1] Littéralement : ダイドク *daï-dokoŭ* « les grands poisons ».

[2] En japonais : 山 椒 *san-syó* « Zanthoxylon piperitum, Dec. »

[3] En japonais : 杉 *soŭgi* « Cryptomeria japonica, Sieb. »

§ V.

DES USTENSILES EMPLOYÉS POUR L'ÉDUCATION DES VERS À SOIE.

On emploie, pour l'éducation des vers à soie, les ustensiles les plus commodes, suivant les pays. Dans les diverses localités du Japon, on fait usage d'ustensiles variés, mais ceux qui sont neufs ne sont pas bons. Ces ustensiles, tous fabriqués avec du bambou ou faits de bois, exhalent, quand ils sont neufs, une forte odeur. On doit en faire l'acquisition à l'avance, et, lorsque les vers naissent, les bien laver et ne les employer que lorsqu'ils sont secs.

A part ces observations, il n'est pas nécessaire de parler des divers ustensiles : car, suivant le pays où l'on se trouve, on emploie ceux qui sont le plus à sa convenance [1].

[Les ustensiles [2] employés pour l'éducation des vers à soie varient suivant les différentes provinces de l'empire; souvent même les paysans d'une localité n'en emploient pas toujours de semblables pour leur usage.

---

[1] Malgré ce qu'il peut y avoir de juste dans cette observation, j'ai pensé qu'on ne verrait pas sans intérêt la traduction de la note suivante, où se trouve l'énumération des principaux instruments et ustensiles dont font usage les paysans japonais qui se livrent à la culture des mûriers et à l'éducation des vers à soie.

[2] En japonais : 道具 _dô-gou_.

4

Pour la préparation du sol, on fait communément usage des instruments suivants :

kara-soŭki (littéralement « bêche chinoise »), la charrue[1] ;

soŭki, la bêche, dont on distingue deux espèces, l'une à fer arrondi[2], l'autre à fer rectangulaire à l'extrémité[3] ;

kwa, la binette, dont on distingue également deux espèces, l'une à extrémité arrondie[4], l'autre à extrémité anguleuse[5] ;

aboumi-kwa[6] et *sabitsoŭyé*[7], autres sortes de binettes. Ces deux espèces d'instruments servent l'une et l'autre à l'extraction des (mauvaises) herbes. La binette appelée *sabitsoŭyé* est un instrument em-

---

[1] En japonais : 犂 カラスキ *kara-soŭki*.

[2] En japonais : 鍬 スキ *soŭki*.

[3] En japonais : 枚 スキ *soŭki*. Il est à remarquer que le caractère chinois qui désigne ces instruments diffère de celui de l'instrument précédent, tandis que le nom vulgaire japonais est le même pour l'un et pour l'autre.

[4] En japonais : 鋤 クワ *kwa*.

[5] En japonais : 钁 クワ *kwa*. L'observation consignée plus haut (note 3) peut s'appliquer également à ce caractère et au précédent.

[6] En japonais : 鐙 アブミ 鋤 クワ *aboumi-kwa*.

[7] En japonais : 鎛 サビツヨヱ *sabitsoŭyé*.

ployé pour arracher les herbes dans les endroits étroits[1];

ma-gwa[2], sorte de herse pour briser les mottes de terre;

kama[3], sorte de petite faux à main;

kousa-kari-gama[4], autre espèce de petite faux à main.

Le matériel d'une magnanerie se compose en général des ustensiles suivants :

toosi[5], crible. On doit avoir quatre sortes de cribles qui se distinguent par la dimension de leurs mailles, afin de laisser passer des hachures de feuilles d'autant plus petites que les vers sont plus jeunes;

---

[1] Le texte porte :

二種をふ　草とを刻る　に用る爾　迫き前の　草を去る　りのゐりと

Ni-syou tomo-ni kousa-wo kédzoŭrou-ni motsiyourou tokoro nari. Sabi-tsonyé-wa sémaki tokoro-no kousa-wo sarou mono nari to iyéri.

[2] Ce nom se rend en caractères idéographiques par 秒杷 ハ *magou-wa*; mais l'auteur remarque que le nom proprement japonais de cet instrument est 宇麻久波 *ouma-kwa*.

[3] En japonais : 鎌 カマ *kama*. Les Japonais désignent sous ce nom plusieurs instruments qui tiennent de la faucille et de la serpe. Voy. l'un de ces instruments figuré sur notre planche VIII.

[4] En japonais : 薙 クサ 草 カリ 鎌 カマ *kousa-kari-gama*.

[5] En japonais : 簔 トヲレ *toosi*.

4.

kwa-tori-hasigo[1], échelle pour cueillir la feuille de mûrier;

osi-kiri[2], hachoir pour les feuilles de mûrier;

mi[3], le van;

ha-bafouki[4] (littéralement balai de plume), plumeau;

te-bafouki[5] (littéralement balai à main), époussetoir;

hasi[6], bâtonnets;

outsi-va[7], espèce d'écran pour éventer les vers à soie;

[1] 桑 ク ト リ 梯 ハ ゴ *kwa-tori-hasigo*. Cette échelle devient inutile dans les localités où, suivant le système adopté par l'auteur du traité que nous traduisons, on s'efforce de maintenir les mûriers à la hauteur de la taille de l'homme. Dans ces localités, on remplace l'échelle par une sorte de marche-pied appelé コ シ カ ケ *kosi-kaké*.

[2] En japonais : 押 ヲ 切 キ リ *osi-kiri*.

[3] En japonais : 箕 ミ *mi*.

[4] En japonais : 羽 ハ 箒 バ フ キ *ha-bafouki*. Les sériciculteurs japonais désignent également sous ce nom les plumes dont ils se servent pour faire tomber des cartons de graines les vers à soie qui viennent d'éclore.

[5] En japonais : 手 テ 箒 バ フ キ *té-bafouki*.

[6] En japonais : 箸 ハ シ *hasi*. On sait que les Japonais, comme les Chinois, se servent de bâtonnets en guise de fourchette pour prendre leur nourriture. Les sériciculteurs emploient avec beaucoup de dextérité ces mêmes bâtonnets pour espacer les vers à soie ou pour les transporter d'un plateau dans un autre.

[7] 團 ウ チ 扇 ハ *outsi-va*.

tó-mi [1], ventilateur ;

kwa-tori-kago [2], panier pour recueillir les feuilles de mûrier ;

kaïko-kago [3], panier (ou plutôt plateau) pour les vers à soie ;

mousiro [4], estère en joncs tressés ;

komo [5], sorte de natte de paille ;

wara-da [6], plateau de paille ;

tana-daké [7], bambous de support ;

tana-no taté-gi [8], crémaillères ;

kaïko-tana [9], supports de plateaux de vers à soie ;

kan-dan-keï [10], thermomètre ;

[1] 唐 箕 *tó-mi.*

[2] 探 桑 籠 *kwa-tori-kago.* D'autres paniers employés pour le même usage sont désignés sous le nom de 蕢 *azïko.*

[3] 蚕 籠 *kaïko-kago.*

[4] 莚 *mousiro.*

[5] 薦 *komo.*

[6] 藁 ダ *wara-da.*

[7] 棚 竹 *tana-daké.*

[8] タ ナ ノ 立 木 *tana-no taté-gi.*

[9] 蚕 架 *kaïko-tana.*

[10] 寒 暖 計 *kan-dan-keï.* Cet instrument a été

kamino-no-foukouro[1], sacs de papier pour la conservation des graines.

En dehors des instruments qui précèdent, on emploie toutes sortes d'ustensiles dont la forme et les dimensions dépendent des dispositions intérieures de la magnanerie et de son étendue. Ces instruments, par cela même qu'ils varient chez les différents paysans et dans les diverses provinces, ne peuvent pas être mentionnés ici.]

§ VI.

DE LA CONSTRUCTION DES MAGNANERIES.

Il faut construire les maisons des paysans très-élevées, afin de pouvoir garantir les vers à soie contre les chaleurs excessives. C'est ainsi qu'il est très-bon de faire les élevages à un premier ou à un second étage.

En général, dans les maisons où se trouvent de nombreux endroits qui permettent la circulation du vent, il faut établir des courants d'air en ouvrant les fenêtres aux quatre points cardinaux, les jours où le ciel est pur.

Chaque jour, à la nuit tombante, il faut avoir soin de bien fermer les fenêtres aux quatre points cardinaux.

Après la naissance des vers, l'exposition au soleil du matin ou au soleil du soir est mauvaise.

introduit, en ces derniers temps, dans quelques magnaneries; mais la plupart des paysans japonais persistent encore à s'en passer.

[1] 紙袋 *kami-no-foukouro.*

Il est très-mauvais pour les vers à soie de suspendre des rideaux de papier (sorte de cousinière) dans les magnaneries, d'entourer les vers de paravents ou bien encore de fermer les fenêtres[1] de façon à empêcher l'air de circuler.

Par contre, lorsqu'il arrive par hasard que le froid est fort, il faut faire attention de chauffer la magnanerie de façon à y obtenir une bonne température (une chaleur modérée).

§ VII.

DES SOINS À PRENDRE À LA NAISSANCE DES VERS À SOIE.

Chaque année, vers la quatre-vingt-huitième nuit (du printemps) les vers à soie commencent à naître.

Il est très-mauvais d'exposer les retardataires au soleil, de les échauffer au moyen du feu ou de les mettre entre des couvertures pour presser leur éclosion; il faut laisser les vers à soie naître d'eux-mêmes.

A ce moment, la graine devient un peu verte; si les vers à soie commencent à éclore, on doit,

---

[1] En japonais : 障子 syô-zi. Les fenêtres des maisons japonaises se meuvent sur coulisses et s'ouvrent en se retirant sur les murailles latérales. On y colle du papier en guise de vitrage. A l'exception des habitations des daïmyôs et des hauts personnages, les fenêtres des maisons particulières sont ordinairement faites sur le même modèle et mesurent environ un *ken* de hauteur sur trois *syak* ($\frac{1}{7}$ *ken*) de largeur.

vers le milieu du jour, quand l'atmosphère est tempérée, les mettre sur un plateau de carton[1] ou
dans un plateau inodore, et les placer dans un endroit où la température est modérée. Ensuite, deux
ou trois fois par jour, regardez les plateaux et aérez-
les; puis, après les avoir recouverts de papier, re-
mettez-les à la place qu'ils occupaient primitivement.

Il faut faire attention qu'il ne puisse pas tomber
des gouttes d'eau sur les vers à soie. S'il vient à
pleuvoir, il est bon de faire du feu dans la magnanerie, en ne se servant pas de charbon de terre ni
de toute autre substance pouvant donner une mauvaise odeur.

§ VIII.
DE LA MANIÈRE D'ÉLEVER LES VERS À SOIE
APRÈS LES AVOIR BALAYÉS (POUR LES FAIRE TOMBER DES CARTONS).

Tout d'abord, lorsque les vers à soie sortent de
la graine, on étend du papier mince dans un plateau[2], et, après avoir haché de petits bourgeons de
mûrier, on les répand sur le papier du plateau.

Il faut faire tomber tout doucement de la surface des cartons, tenus par deux personnes[3], et à

---

[1] En japonais : 紙 ヵ 細 ザ 工 ゥ *kami-zaï-kou* « ouvrage
éger de papier ». Il s'agit ici d'un cartonnage.

[2] En japonais : 器 ゥ *outsoûva* « vase ».

[3] Deux personnes tiennent le carton, chacune par un angle opposé

l'aide d'un petit bâtonnet, les vers nouvellement éclos, sur le mûrier (répandu) dans les plateaux. Si l'on fait vers le midi cette opération pour les premiers vers à soie éclos, il faut recommencer cette opération une seconde fois le même jour vers les six heures.

Si on laisse s'écouler un jour après la naissance des vers à soie sans les faire tomber, il faut savoir que ces vers (privés une journée de nourriture) deviendront malades et mourront.

Une fois que tous les vers ont été balayés dans l'espace du même jour, il faut s'occuper de les nourrir. Anciennement, quand les vers à soie naissaient, on les faisait tomber avec une plume d'oiseau. Quoique ce procédé ne soit pas mauvais, il est encore préférable de faire tomber les vers à soie comme il a été indiqué plus haut, en frappant doucement les cartons de graines à l'aide de petits bâtonnets.

Ensuite il faut couper menu des bourgeons de mûrier, et les verser avec mesure aux vers à soie en étendant doucement cette nourriture.

Il faut clair-semer les vers à soie provenant d'un

de la diagonale, tandis que l'une d'elles, en frappant légèrement avec un petit bâtonnet sur le verso, ou côté du carton opposé à celui où se trouvait la graine, fait tomber les vers à soie nouvellement éclos dans les plateaux garnis de hachures de mûrier qu'on a disposés pour les recevoir. (Voy. pl. XII.)

carton sur une superficie d'environ trois syak carrés [1] d'étendue, et leur donner de la pâture en les
clair-semant de plus en plus.

Ne fumez pas du tabac dans les environs des
magnaneries.

En général, il faut se bien laver les mains dans
de l'eau pure chaque fois qu'on doit toucher aux
vers à soie, et faire attention de ne pas porter de vêtement d'où se dégage une odeur forte ; il faut en
outre bien laver tous les ustensiles destinés aux vers
à soie, et, une fois qu'ils sont nettoyés, avoir soin
de les faire sécher.

Bien que les vers à soie soient des animaux qui
dès leur naissance se repaissent de feuilles de mûrier,
souvent il arrive, dans les pays froids, qu'au printemps, à l'époque de leur éclosion, les bourgeons
n'ont pas encore poussé ; dans cette éventualité, il
n'y a pas d'autre ressource que de leur donner à
manger des fleurs de mûrier. On rejette alors les
fleurs à fruit de façon à ne leur donner à manger que
celles qui ne fructifient point. On roule ces fleurs de
mûrier non humectées de rosée et bien sèches dans
la main, et, lorsqu'elles sont un peu réduites, on
les tamise bien, de façon à enlever les saletés à
l'aide du van. Pour un carton de graines, on
donne aux vers à soie environ cinq *gô* de ces

---

[1] C'est-à-dire o'",909 millimètres.

fleurs[1]. Si on élève seulement la moitié d'un carton de vers à soie, il faut leur donner environ trois *gô* de fleurs de mûrier.

Les premiers jours, quand les vers se nourrissent de fleurs de mûrier, il faut leur en donner trois fois par jour; et quand on les nourrit de feuilles de mûrier hachées, il faut leur en faire manger quatre à cinq fois par jour.

On donne de la fraîcheur (en ouvrant la porte, par exemple) les jours très-chauds, et les jours froids on établit une température moyenne (en faisant du feu) dans les endroits où l'on a dressé les casiers (de vers à soie), au nombre de trois environ pour chaque carton de graines.

C'est seulement par la raison qu'il n'y a pas encore de feuilles de mûrier que l'on fait manger aux vers à soie qui lèvent les fleurs de cet arbre; car s'il y avait alors des feuilles de mûrier, il faudrait se hâter de leur en donner à manger (de préférence aux fleurs).

Ensuite il faut, deux fois par jour, espacer de plus en plus les vers à soie à l'aide de bâtonnets minces et pointus; et, chaque jour, avant de leur donner du mûrier, les séparer avec ces (mêmes) bâtonnets, dans les endroits où ils sont trop compactes. Ensuite il faut leur verser de la nourriture en évitant de faire des tas (de feuilles).

---

[1] Le *gô* (en japonais 合 ﾀ) répond à environ un décilitre ⅔ de notre système décimal.

Si le temps se maintient à la pluie, il faut souvent enlever la litière des vers, qui devient humide.

Il est important de maintenir une température modérée dans les magnaneries durant les quatre ou cinq jours qui suivent l'éclosion des vers. Jusque-là coupez les feuilles de mûrier de la grandeur d'un *itsi-bou*[1] (environ 1/2 centimètre) et donnez-les à manger aux vers à soie, en ayant soin qu'elles ne soient pas humectées d'eau.

Quant à ce qui concerne la manière de couper le mûrier, il faut avoir soin, pour cette opération, de se servir d'un coutelas en fer non oxydé, qu'on aura bien examiné afin qu'il n'y ait pas de traces de sel, d'huile ni en général de choses à odeur. Plus tard, vers le septième ou le huitième jour, si l'on n'a pas pris les précautions (prescrites dans ce paragraphe), les vers à soie deviennent malades.

En outre, si, pendant leur jeunesse, les vers à soie sont exposés au vent du nord, ils ne mangent plus du tout de mûrier et meurent. Cela vient de ce qu'ils ont été exposés au froid du vent du nord[2].

---

[1] L'*itsi-bou*, monnaie japonaise d'argent, mesure 22 millimètres de longueur sur 15 millimètres de largeur.

[2] J'ai cru devoir supprimer ici plusieurs feuillets du ms. original japonais qui ne renferment que la répétition des instructions qu'on a données plus haut.

§ IX.

DE LA MANIÈRE D'ÉVITER L'INÉGALITÉ DES VERS À SOIE.

Les vers à soie sont des animaux naturellement tranquilles, et, différents en cela des autres vers, ils ne quittent pas leur place et ne mangent que le mûrier qu'ils ont devant eux[1]. S'il n'y a pas de feuille à leur portée, ils ne tournent pas à droite et à gauche, car ils ne sont pas des vers de basse nature. Si donc l'on tient compte de cette observation, on doit faire bien attention à ne pas distribuer aux vers à soie les feuilles de mûrier d'une manière iné-gale.

Parmi ces vers, il y en a de forts et de faibles. Les vers à soie faibles, si on les nourrit convenablement, deviendront vigoureux.

Bien que la température contribue à rendre les vers à soie plus ou moins bons, ils acquièrent une qualité supérieure ou une qualité inférieure selon

---

[1] Le texte porte :

Kaïko-wa seï-wo sonaïtarou mono-ni sité, tsouné-no monsi-to tsigaï, sono séki-wo sarazouité waga maëni arou hwa-wo koui.

la méthode suivie pour les nourrir. S'il n'y a pas eu
de négligence dans leur éducation, tout le monde,
même durant les mauvaises années, obtiendra sans
aucun doute un bénéfice satisfaisant.

Si l'on élève des vers à soie sur des planches ou
dans des plateaux de bois, il est certain qu'ils auront une croissance tardive en comparaison de ceux
qu'on aura élevés dans des paniers.

§ X.

DE LA PREMIÈRE MUE.

Le septième ou le huitième jour après qu'on a
balayé les vers à soie (de la superficie des feuilles de
graines où ils sont éclos), ils cessent de manger du
mûrier, leur couleur devient blanchâtre et leur tête
se gonfle ; c'est ce qu'on appelle « le repos du lion »
(*sisi-no ï-yasoŭmi*[1]).

A ce moment il faut se hâter d'enlever les ordures
(qui se sont accumulées dans les casiers) et de
changer les vers (de litière).

A partir de la première mue, on coupe les
feuilles de mûrier un peu grandes et on en verse (à
manger) aux vers à soie environ huit fois par
jour. C'est ce que l'on désigne, dans les provinces orientales (*Tô-gokoŭ*). sous le nom de *sémé-*

---

[1] En japonais : 獅シ子ヅノ居ヰ休 キス三 *sisi-no ï-yasoŭmi*, litt. « arrêt du lion ».

gwa[1] (mûrier qui assaille), et dans les provinces proches de la capitale sous celui de *fouri-gwa*[2] (litt. mûrier qui pleut).

A ce moment, quoique les vers, qui dorment encore, ne consomment pas tout le mûrier, il faut, sans s'arrêter à cette considération, leur verser du mûrier huit fois par jour.

Si l'on ne leur donne pas assez de mûrier, les vers croissent d'une manière très-inégale.

Parmi ces vers à soie, ceux qui ont dormi les premiers quittent leur peau de dessus et aussitôt ils montent sur les feuilles de mûrier. C'est ce qu'on appelle dans toutes les provinces du nom d'*oki* « action de se lever. »

Il est très-difficile de reconnaître les vers à soie qui se sont levés les premiers et ceux qui se sont levés tardivement. C'est pourquoi, dans certaines provinces, on se sert alors de petits filets. Ces filets sont d'environ quatre ou cinq grandeurs différentes; et, au fur et à mesure que les vers à soie sont plus forts, on emploie ceux qui ont des mailles de plus en plus larges.

Quant à la manière de faire usage de ces filets, il faut les mettre sur les vers à soie lorsque la moitié dort encore; puis on coupe des feuilles de mûrier

---

[1] 責 セ ヌ 桑 グ ゥ *sémé-gwa.*

[2] 振 ヌ リ 桑 グ ゥ *foŭri-gwa.*

de la grandeur voulue, pour qu'elles ne passent pas à travers les trous des filets, sur la partie supérieure desquels on les verse.

Si l'on se conforme à ce qui vient d'être expliqué, les vers à soie qui dorment encore restent en bas, tandis que les vers à soie qui ne dorment plus montent sur le dessus du filet.

Alors on prend le filet par les quatre coins et l'on met les vers à soie (qui sont montés au-dessus) dans un autre plateau; puis on leur donne souvent à manger du mûrier.

Quant aux vers qui sont restés sous le filet, il faut les placer dans un endroit aussi élevé que possible et tempéré.

Si l'on agit de la sorte, les vers à soie hâtifs et les vers à soie retardataires deviendront bientôt égaux.

Il faut faire attention au procédé suivant lequel on élève les vers à soie, de sorte qu'ils soient égaux et tous de même façon, comme il a été dit plus haut, durant la période des quatre sommeils et réveils.

Si, à partir de la première mue, pendant la seconde mue, jusqu'à la troisième mue, on maintient l'égalité parmi les vers en faisant usage de filets, les vers, lors de la quatrième mue[1], seront tous égaux (sans qu'on ait plus besoin de faire usage de filets).

---

[1] Voyez, sur ces différentes mues, pages 66, 67 et 69.

A partir de la première mue, il faut maintenir les vers à soie clair-semés. S'ils étaient denses, ils produiraient de petits cocons; la soie aussi serait mince; et, la soie étant mince, le poids en serait faible. Si, au contraire, les vers à soie sont clair-semés, et s'ils mangent suffisamment du mûrier, ils font des cocons forts et le poids du fil est élevé. Tous les vers (qui ont été maintenus) compactes ne sont pas bons.

§ XI.

DE L'ÉTABLISSEMENT DES CASIERS POUR LES VERS À SOIE.

Bien que chaque province ait son procédé particulier pour l'établissement des casiers, il est bon de suivre celui qui est indiqué dans ce livre.

Les vers à soie sont des animaux paisibles qui aiment les endroits sombres; gardez-vous donc bien de les exposer au soleil.

En outre, pendant leur jeunesse, il est mauvais de les nourrir sur le plancher. Ce qui est excellent pour l'éducation des vers à soie, c'est d'étendre une estère sur le plancher.

Pour ce qui est des casiers (destinés à recevoir les plateaux de vers à soie), il faut les établir dans des endroits peu éclairés[1].

---

[1] Le manuscrit japonais présente ici une lacune.

§ XII.

DE LA SECONDE MUE.

Jusqu'à la période de *taka* [1] (seconde mue), il faut changer tous les deux jours les vers à soie de litière. Après cet arrêt, il faut couper assez grandes les feuilles de mûrier (que l'on destine à leur nourriture).

OBSERVATION : La grandeur est d'environ cinq *bou* [2] carrés.

Après s'être assuré qu'il n'y a pas de saleté dans ces feuilles, on les donne à manger aux vers à soie (en ayant soin de les distribuer partout d'une manière égale).

Si, pendant les temps de pluie, il vient de la moisissure sur les litières des vers à soie (lesquelles sont faites de papier), cela est très-mauvais. Lorsque la moisissure prend de l'extension, il s'en exhale une mauvaise odeur qui rend les vers malades.

Quand le réveil de *taka* se produit de bonne heure pour certains vers et tard pour d'autres, il faut enlever les retardataires avec des bâtonnets et, après les avoir transportés dans un autre plateau, leur donner amplement à manger du mûrier.

---

[1] En japonais : 鷹 居 起 *taka-no ï-oki* « réveil du faucon ».

[2] Un peu plus de 15 millimètres. — Le *boun* = 0ᵐ,00303.

C'est à ce moment qu'il faut faire manger aux vers à soie des jeunes pousses de mûrier.

§ XIII.

DE LA TROISIÈME MUE.

Pendant la troisième mue[1], il faut, conformément à ce qui s'est pratiqué durant la période précédente, enlever les ordures des vers à soie tous les deux jours et les espacer davantage.

Il faut aussi leur donner à manger des feuilles de mûrier coupées de plus en plus large.

A partir de ce moment, ne manquez pas de fixer (sur les vers à soie) toute votre attention.

§ XIV.

PRÉCAUTIONS À PRENDRE CONTRE LE FROID ET CONTRE LES TEMPS D'AVERSES.

On doit entretenir la fraîcheur dans les endroits où l'on élève beaucoup de vers à soie.

Dans les pays froids, il arrive qu'en certaines années le temps est mauvais jusqu'à la période de *taka* (troisième mue); tous les jours il souffle un vent froid et souvent il tombe de la gelée blanche. Dans ces pays-là, les vers à soie meurent quelquefois en grand nombre.

---

[1] En japonais : 船 居 起 *founa-no i-oki* « réveil du bateau ».

(Pour éviter cela,) on suspend alors des rideaux de papier (destinés à garantir les vers à soie des intempéries de l'air) et on les établit au milieu des planches de vers à soie; puis, de temps en temps, on chauffe un peu en faisant brûler du bois. A midi, on lève les rideaux pour aérer, et sans cesse on a soin d'ouvrir et de fermer (successivement) la porte (afin de renouveler l'air par ce mouvement de va-et-vient). Néanmoins, il est mauvais de faire constamment du feu de bois et de chauffer la maison sans motif (par exemple quand il ne fait pas bien froid).

En outre, à partir de la période de *founa* (troisième mue) jusqu'à la période de *niva* (quatrième mue), les vers à soie tombent malades en grand nombre quand des averses continuent de tomber et que l'air est très-froid; il faut alors allumer du feu dans deux ou trois endroits de la magnanerie et avoir bien soin d'y maintenir une chaleur tempérée.

§ XV.

PRÉCAUTIONS À PRENDRE CONTRE LA CHALEUR.

Dans certaines années, la chaleur est forte avant la période de *niva* (quatrième mue); quand le vent du sud vient à souffler, beaucoup de vers à soie tombent malades.

C'est alors qu'il faut, en ouvrant la porte (comme il a été dit plus haut), faire pénétrer l'air dans la magnanerie. Il est également bon d'éventer souvent les planches de vers à soie à l'aide d'une espèce de grand écran (restant toujours ouvert).

En outre, il est bon de faire pénétrer dans l'intérieur de la maison l'air du dehors à l'aide d'un ventilateur.

§ XVI.

DE LA QUATRIÈME MUE.

Au réveil de *niva* [1] (quatrième mue), il faut donner aux vers à soie beaucoup de feuilles de mûrier. Quand il fait trop chaud, il faut ouvrir la porte de la magnanerie pour y bien faire pénétrer l'air.

A partir de la période de *niva*, il n'est plus nécessaire de couper les feuilles de mûrier; il n'y a pas (même) d'inconvénient à couper les feuilles de mûrier jusqu'à la branche et à les verser ainsi sur les vers à soie.

Comme la quatrième mue est le dernier arrêt que subissent les vers à soie, il n'est plus nécessaire de se servir de filets pour répandre les feuilles de mûrier. Mais lorsque plus de la moitié des vers à soie s'est réveillée, il faut lui donner vite le *mûrier du repos* (terme de métier indiquant la nourriture que l'on donne aux vers à soie à leur réveil).

[1] En japonais : 庭ラ 居 起 *niwa-no i-oki* « réveil de la cour ».

Les paysans doivent alors maintenir de leur mieux les planches de vers à soie dans l'ombre (en tirant par exemple les rideaux de la magnanerie).

A partir de ce moment, il faut, autant que possible, donner à manger aux vers à soie du mûrier de première qualité. Si on leur fait manger suffisamment de *ma-gwa*, leurs cocons viennent épais et la soie pèse lourd; si on leur donne insuffisamment à manger, les cocons viennent faibles et leur poids est léger. A ce moment, il est très-bon de donner surtout des feuilles de mûrier qu'on vient de cueillir.

On dit qu'il faut donner environ vingt-six ou vingt-sept fois du mûrier à manger aux vers à soie depuis le quatrième réveil jusqu'à ce qu'ils commencent à faire leurs cocons; mais cela diffère un peu, suivant que les feuilles de mûrier sont épaisses ou minces.

Quand on enlève les ordures des vers à soie, à l'époque des quatre arrêts, il faut bien trier les bons vers et les mauvais, en ayant soin de rejeter ces derniers.

Il y a beaucoup de personnes qui, en se livrant à l'éducation des vers à soie, ne savent pas distinguer les mauvais individus qui deviennent malades par la suite et meurent sans aucun doute. Les mauvais vers ont une couleur un peu rougeâtre (rouge clair); les vers maigres qui n'ont pas de transparence sont également mauvais. En réfléchissant bien à ces considérations, il faut nourrir seulement le choix des bons vers à soie.

§ XVII.

DE LA MANIÈRE DE FAIRE FAIRE LES COCONS
DANS LES DIVERSES PROVINCES.

Les vers à soie, quand arrive le moment de faire leurs cocons, deviennent translucides, et ils se promènent pour chercher un endroit (favorable) pour cette opération. C'est ce que l'on appelle *hikirou* (« être prêts », c'est-à-dire en état de former les cocons).

Dans la province d'Ôsyou, on relève de deux pouces environ les bords de l'estère (sur laquelle sont placés les vers à soie), et l'on introduit au milieu deux tiges de bambou que l'on attache en les croisant ; puis, avec cinq ou six pailles (tordues de façon à en faire une natte), on les recourbe de trois côtés en forme de triangle.

On dresse ces triangles au milieu de la natte, et dans les intervalles on répand clair-semés les vers à soie qui sont *hikiri* (prêts) ; puis on les place dans un endroit tempéré.

Le cinquième ou le sixième jour après, il faut enlever les cocons qui seront formés et les exposer à l'air (pour les faire sécher).

Aux environs de Kyôto (capitale du Japon), on

suspend des cordes deux à deux (parallèlement) aux poutres de la magnancrie. On passe dans la natte de ces cordes des tiges de bambou auxquelles on suspend les planches de vers à soie, qui font alors leurs cocons sur la paille qu'on y a étendue.

Dans le Tamba, le Tango, le Tazima et dans les provinces voisines, on attache des branches d'arbre (petits fagots ou broussailles)[1], et on les met au milieu des planches; puis on place au-dessus les vers à soie, qui y font leurs cocons.

Dans le Kantô, on élève les vers à soie dans une natte mince placée sur un plateau de trois *syak* de largeur sur un *ken* de longueur[2]; et, lorsqu'ils sont prêts à faire leurs cocons, on tire la corde de la natte (qui tient à deux de ses angles de façon à former une sorte de panier), puis on y introduit de petits fagots sur lesquels on place les vers à soie, qui vont y faire leurs cocons.

En dehors de ce qui vient d'être dit, on emploie dans les diverses provinces toutes sortes de procédés différents. Toutefois on doit prendre des procédés

---

[1] En japonais : 薪 *maki*. Le caractère idéographique qui représente ce mot désigne des « ronces ou du bois plus grand pour le chauffage » (brambles or larger wood for the fire. Morrison). Suivant le *Dictionn. japonais-russe* de M. Goчkiévitch, le mot *maki* désigne, outre le bois de chauffage (дрова), le *Podocarpus macrophylla* de Don.

[2] 3 *syak* = 0ᵐ,909. — 1 *ken* = 1ᵐ,009.

ın raison des convenances de l'endroit (où l'on élève
les vers à soie).

Le cinquième ou le sixième jour à partir du moment où les vers à soie font leurs cocons, on enlève
tous ces cocons, on les expose au vent, puis au
soleil, et on les fait sécher de façon que les papillons (soient étouffés et) ne puissent sortir de l'intérieur.

En outre, lorsqu'il fait un temps pluvieux, on
allume vite du feu, auquel on expose les cocons[1]
afin d'empêcher les papillons de sortir[2].

§ XVIII.

MANIÈRE D'OBTENIR LA GRAINE DES PAPILLONS.

Le quinzième ou le seizième jour après que les
vers à soie ont fait leur cocon, vers les cinq heures
du matin[3], les papillons sortent (de leur chrysalide).
Les papillons mâles qui voltigent sont nombreux.
Les papillons femelles affaissés restent tranquilles.

Après avoir choisi les sujets sains et vigoureux,
on accouple les mâles et les femelles et on les laisse

---

[1] Litt. «on introduit (les cocons) dans un fourneau» (en jap.
木 イ ロ hoiro, sorte de brasier).

[2] Sur la partie supérieure des fourneaux employés en ces occasions,
on tend une feuille de papier ou un morceau d'étoffe à une distance
suffisante des charbons pour éviter qu'ils ne soient attaqués par les
flammes, puis on dépose les cocons qui, de cette façon, sèchent rapidement et sans souffrir aucun dommage.

[3] De sept à neuf heures du matin suivant notre horloge.

fonctionner, à partir de ce moment, jusqu'à huit heures de l'après-midi[1]. Ensuite on les sépare, on rejette les mâles et on pique une aiguille dans l'aile des femelles[2], qui, mises sur du papier, pondent des œufs que l'on recueille. Un papillon pond environ deux cents œufs.

Les papillons mâles meurent au bout du quatrième ou du cinquième jour, et les femelles au bout du deuxième ou du troisième jour. En outre, les vers faibles sortent de l'intérieur du cocon changés en vers jaunes de la longueur d'environ deux *bou*[3]. Ces vers sont appelés *ouzi*[4] dans les provinces orientales (*Tô-gokoŭ*). On ne peut point extraire de la soie des cocons d'où sortent ces vers, mais on en tire du *ma-wata*[5].

---

[1] De une à trois heures de notre horloge.

[2] Voy. à ce sujet les éclaircissements donnés plus loin dans mon Rapport à S. Exc. le Ministre de l'Agriculture, du Commerce et des Travaux publics.

[3] C'est-à-dire d'environ 6 millimètres.

[4] En japonais : 蛆 *ouzi.*

[5] En japonais : 蚕 綿 ou 絲 綿 *ma-wata.* — Ce mot, que Medhurst explique à tort dans son *Vocab. of the Jap. lang.* par « true cotton », désigne, suivant le *Dict. japonais-russe* de M. Gochkiévitch, la meilleure espèce de ouate de soie (лучшій сортъ шелковой ваты). Suivant le dictionnaire japonais-chinois *Zatsoŭ-ziroui-ben*, il signifie simplement de la « ouate de soie ».

§ XIX.

DES DIFFÉRENTES ESPÈCES DE GRAINES.

Parmi les vers à soie du Japon, il y a beaucoup de vers à soie d'été (*natsoŭ-go*) donnant des cocons blancs [1].

Les vers à cocons blancs dorment quatre fois et se réveillent quatre fois; ils font leurs cocons du trente-septième ou trente-huitième jour au quarantième jour à partir de leur naissance. Ils portent sur le haut de la tête le caractère japonais ∽ *i*.

Il y a aussi des vers noirâtres (gris) et des vers qui font des cocons jaunes; on appelle ces derniers *kin-ko* « vers dorés » [2].

En outre, il y a des vers printaniers appelés *kata-natsoŭ* « semi-été » [3], qui font leurs cocons vers le trentième jour. Ces cocons, étant légers, donnent en conséquence une soie faible; ce sont les parents (père et mère) des vers *natsoŭ-go*. La graine qui provient des cocons des vers à soie dits *natsoŭ-go* donne l'année suivante des vers à soie de l'espèce dite *kata-natsoŭ*.

Quoiqu'il y ait beaucoup d'autres sortes de graines de vers à soie en dehors de celles qui viennent d'être

---

[1] En japonais : 夏ナツ 蚕ゴ *natsoŭ-go*.

[2] En japonais : 金キン 蚕コ *kin-ko*.

[3] En japonais : 片カタ 夏ナツ *kata-natsoŭ*.

mentionnées ci-dessus, on ne les élève généralement pas au Japon[1].

Les vers à soie dits *natsoŭ-go* font deux fois leurs cocons chaque année.

Originairement on élevait (indistinctement) toutes sortes de vers à soie; aujourd'hui, c'est le ver à soie à cocon blanc qu'on élève en grand nombre dans toutes les provinces. Comme le cocon blanc est supérieur à tous les autres[2], c'est celui qui constitue le cocon de première qualité au Japon.

[1] Voy. ci-après, sur les vers à soie du chêne (*yama-mayoŭ*) qui, dans ces derniers temps, ont éveillé l'attention de nos manufacturiers, mon Rapport à S. Exc. le Ministre de l'Agriculture, du Commerce et des Travaux publics.

[2] Les cocons des vers à soie élevés le plus communément au Japon présentent quatre couleurs distinctes : le blanc, le gris, le jaune et le vert. Ceux qui rentrent dans la dernière catégorie sont estimés des sériciculteurs indigènes, bien qu'à un degré inférieur aux cocons blancs. — Quant aux cocons des vers à soie dits *polyvoltins*, tous les Japonais compétents qu'il m'a été donné de consulter sont unanimes pour déclarer leur infériorité notable, et pour ajouter que les paysans, nombreux d'ailleurs, qui élèvent les vers d'été n'obtiennent point des produits suffisants pour les dédommager des pertes de temps et des frais d'une double éducation. Questionnés sur la condition des champs de mûriers destinés à l'élevage des vers polyvoltins, ils m'ont assuré toutefois que les plantations japonaises répondaient largement aux besoins de ces vers et n'avaient que rarement à souffrir de l'ample récolte de feuilles qu'on était obligé de leur demander. — Pour plus de détails sur les différents genres de cocons japonais, voyez plus loin mon Rapport à S. Exc. le Ministre de l'Agriculture, du Commerce et des Travaux publics, ainsi que les planches représentant quelques spécimens de ces cocons.

APPENDICE.

EXTRAITS

DE DIVERS AUTEURS JAPONAIS

RELATIFS AUX MÛRIERS

ET AUX VERS A SOIE.

APPENDICE[1].

―――

I.

DES MATIÈRES TEXTILES

SUCCESSIVEMENT EMPLOYÉES PAR LES JAPONAIS.

Au Japon, dans la haute antiquité, il paraît qu'on
ne faisait usage que du chanvre. Plus tard, sous les
règnes dits *zin-daï* « règnes humains »[2] et notamment à l'époque des empereurs *Tsiou-aï Ten-ô*[3] et
Ô-zin Ten-ô[4], il est avéré qu'on se servait de coton

[1] Les notices renfermées dans cet appendice ne sont pas de *Sira-
kawa;* les deux premières sont traduites d'un document japonais que
je dois à l'obligeance de mon savant ami M. *Foukoŭ-tsi Gen-itsi-ró*,
attaché au département des Affaires étrangères du syôgoun, à Yédo.

[2] En japonais : 人シ代ダ *zin daï*. La période ainsi nommée
commence avec la 58ᵉ année du 33ᵉ cycle de 60, c'est-à-dire en l'an
660 avant notre ère, au temps où régnait l'empereur Hoeï-wang en
Chine, Psammétik en Égypte, et environ un demi-siècle avant la cap-
tivité d'Israël. (Voyez mon *Mémoire sur la chronologie japonaise*, p. 9.)

[3] Ce prince, surnommé le Ninus du Japon, régna de 192 à 200
de notre ère; mais sa femme, la célèbre *Zin-kô*, cacha sa mort et
continua à gouverner le pays en son nom jusqu'en 269.

[4] Ce mikado régna de 270 à 312 de notre ère. — Voy. dans l'Introduction les faits relatifs à la sériciculture qui se rapportent à cette
époque.

tiré du cotonnier en arbre (*mo-men*[1]) dont la se-
mence provenait des *San-kan*[2] (États de la péninsule coréenne).

Ensuite on apporta de la Chine les procédés pour
obtenir la soie des cocons, procédés qui se répan-
dirent avec succès de tous côtés.

Aujourd'hui le coton que l'on emploie généralement au Japon provient du cotonnier herbacé (*só-
men*[3]); le cotonnier en arbre ne s'y rencontre plus. A
la fin du gouvernement des *Asi-kaga*[4], ou au commencement de celui des *O-da*[5], le coton herbacé ap-
parut. Ce furent les barbares du sud (gens de Luçon,
c'est-à-dire les Espagnols) qui l'introduisirent dans
le Nippon. Le cotonnier herbacé donnant des produits beaucoup plus avantageux, on le substitua
dans tout le Japon au cotonnier arborescent. Voilà
ce qui explique pourquoi l'on se sert seulement
aujourd'hui du mot *mo-men*, qui est une désignation
inexacte, puisque le *mo-men* actuel n'est que l'ancien
só-men et nullement le *mo-men* d'autrefois.

---

[1] En japonais : 木モ 綿ﾝ *mo-men*.

[2] En japonais : 三サﾝ 韓カ ﾝ *san-kan*.

[3] En japonais : 艸サ ｳ 綿ﾒﾝ *só-men*.

[4] Cette famille de syôgouns cessa d'occuper cette haute fonction
en 1572 de notre ère.

[5] Les *O-da* succédèrent aux *Asi-kaga* en 1573 de notre ère.

II.

DE LA SOIE DITE *GO-FOUKOŬ.*

Un auteur japonais donne les explications suivantes sur l'origine des soieries dites *go-foukoŭ* [1] :

Go (en chinois : *Oŭ*) est une partie méridionale de
la Chine. Deux femmes vinrent de ce pays au Japon
et se présentèrent à la cour : elles firent connaître
la manière d'élever les vers à soie et de tisser les
étoffes.

Ces deux femmes se nommaient l'une *Kouré'a,*
l'autre *Aya'a*. Les procédés enseignés par *Kouré'a*
sont désignés sous le nom de *kouré'a-dori*, et sont
actuellement pratiqués pour la fabrication des soieries (ordinaires).

Les procédés enseignés par *Aya'a* sont désignés
sous le nom de *aya'a-dori*, et sont pratiqués actuellement pour la fabrication des soies ornées (sortes
de damas ou étoffes de soie brochées et ornées de
fleurs).

Quant au mot *go-foukoŭ* (qu'on lit en l'interpré-
tant en ancien japonais *kouré-no ki-mono*), employé
jusqu'à nos jours pour désigner les étoffes de soie,
il tire son nom de *Kouré'a*, parce que de son temps
on se servait, pour désigner la soie, des caractères

---

[1] En japonais : 吳 ゴ 服 ヲ *Go-foukoŭ* (vêtements de *Oŭ*).

chinois lus *go-foukoŭ* (littéralement: vêtements du pays de Ou).

Quel pouvait être le sens du mot ʿ*a* dans les noms de *Kouréʿa* et de *Ayaʿa?* Les savants du royaume disent: « C'était probablement un mot de la langue ancienne qui signifiait une femme ». Cette question n'est pas encore éclaircie [1].

III.

DE LA VÉNÉRATION DES JAPONAIS

POUR LES VERS A SOIE.

Dans les campagnes du Japon, on vénère à un haut degré les vers à soie [2]. Dans le milieu du quatrième mois, à l'époque où l'on s'adonne à l'éducation des vers, les paysans nettoient leurs habitations, et les femmes se maintiennent le corps dans une grande propreté. En outre elles évitent, durant cette période, de coucher dans le même lit que leur mari.

---

[1] Voyez la reproduction du texte original de cette notice, ci-après p. 106.

[2] Ceci est d'ailleurs conforme aux doctrines du sintoïsme ou religion nationale des Japonais, doctrines suivant lesquelles on doit vénérer des animaux comme *syou-go-zin*, serviteurs des Kami. (Voyez, à ce sujet, mes *Études asiatiques de géographie et d'histoire*, p. 320-321.)

A certains moments [1], elles se bornent au travail du mûrier, et se gardent bien de toucher aux vers à soie. De même, lorsqu'elles appellent les vers à soie, elles ne veulent point les nommer sans une expression honorifique, et elles disent *kaïko-sama* « monsieur le ver à soie », ou bien *ôko-sama* « mademoiselle ».

IV.

KWA. — LE MÛRIER [2].

Le mûrier s'appelle en japonais *kouwa* [3]; son fruit se nomme *founabé* [4].

Suivant le traité d'histoire naturelle intitulé *Honzô-kô-mok*, le mûrier est l'esprit de l'astre *ki-seï*. C'est un arbre divin dont les feuilles sont destinées à la nourriture des vers à soie. Il en existe beaucoup d'espèces.

Le mûrier blanc [5] a des feuilles grandes comme la main et épaisses.

[1] Le texte porte : 水 附 防 ? 又 孫 月 *gek-keï-ne atarou toki-va*, littéralement : « in menstruarum tempore ».

[2] Extrait de la grande encyclopédie japonaise *Wa-kan-san-saï-dzou-yé*, Section botanique, livr. LXXXIV, fol. 1. — Cette notice est un spécimen des ouvrages de science rédigés suivant l'ancienne méthode japonaise et avec toutes les idées superstitieuses qui la caractérisent.

[3] 久 波 *kouwa*, et par contraction *kwa*.

[4] En japonais : 椹 子 *founabé*.

[5] 白 桑 *hak-só* (ou vulgairement *siro-kwa*).

6.

Le mûrier des poules[1] a des feuilles et des fleurs légères.

Le mûrier à fruits[2] donne d'abord ses fleurs et ensuite son feuillage.

Le mûrier des montagnes[3] a des feuilles pointues et longues.

Le mûrier des femmes[4] est petit et porte de longues branches.

On reproduit tous ces mûriers à l'aide de semences ou mieux encore à l'aide de branches qu'on enfonce en terre et que l'on divise (c'est-à-dire par le procédé du marcottage)[5].

Le mûrier produit une écorce jaune : aussi l'appelle-t-on *kin-sô*[6] « le mûrier doré ». Peu de temps après cet arbre se dessèche.

Quand on greffe les mûriers sur l'arbre *kôzo*[7], ils deviennent grands. — Si l'on enterre à leur racine des écailles de tortue, ils sont florissants et (ne sont) pas (attaqués par) les vers.

ADDITIONS DE L'ÉDITEUR JAPONAIS. — Dans tous

---

[1] 雞 キ 桑 ソウ *ki-sô* (ou vulgairement *mendori-kwa*).

[2] 子 ジ 桑 ソウ *zi-sô* (ou *ko-gwa*).

[3] 山 サン 桑 ソウ *san-sô* (ou *yama-gwa*).

[4] 女 ヂョ 桑 ソウ *dzyo-sô* (ou *onna-gwa*).

[5] Voyez p. 16.

[6] 金 キン 桑 ソウ *kin-sô* (ou *kin-gwa*).

[7] Broussonetia papyrifera, Vent.

les pays où l'on élève des vers à soie, on plante des mûriers en grand nombre.

Il y en a qui ne donnent pas de fruits : on les appelle *nan-sô*[1] « mûriers mâles ».

Les fruits des mûriers sont d'abord d'une couleur blanc verdâtre; peu à peu ils prennent une couleur rouge; à leur maturité, ils sont noirs. Leur saveur est agréable.

Le bois du mûrier est dur, solide, d'un blanc jaunâtre (jaune clair) et veiné ; il est propre à la fabrication de coffrets et de vases.

Dans l'ouvrage intitulé *Ko-kon-i-tô*, il est dit :

« Le mûrier blanc a de grandes feuilles et ne donne pas de fruits. Quand les vers à soie s'en nourrissent, leurs cocons sont épais et la soie (qu'on en retire) est une fois plus forte que la soie ordinaire. On prend ses branches et on les couche dans un terrain chaud (pour le propager) ».

DES FEUILLES DE MÛRIER. — Au quatrième mois, lorsque les feuilles du mûrier sont dans toute leur vigueur, on les cueille.

En outre, au dixième mois, après les gelées blanches, quand les feuilles sont tombées en grand nombre, elles deviennent rares. Celles qui se sont conservées se nomment *sin-sen-yô*[2] « feuilles des gé-

[1] 男 桑 *nan-sô* (ou *otoko-gwa*).

[2] 神 仙 葉 *sin-sen-yô*.

nies et des immortels». Alors on les cueille. Avec
les premières feuilles qu'on a fait sécher à l'ombre,
on les réduit en poudre et on les prend comme
médecine. On peut, suivant sa guise, les administrer
en pilules réduites en poudre ou dans une décoction.
Quelques personnes les emploient en guise de thé.
Quand on en boit (une infusion), elles apaisent la
soif. Elles combattent la goutte, l'hydropisie, ainsi
que la phthisie et la toux[1].

V.

DES DIFFÉRENTS GENRES D'ENGRAIS[2].

Les engrais sont d'une très-grande importance
pour l'agriculture; aussi les gens de la campagne ne
doivent-ils jamais oublier de s'en procurer pour en
enrichir leurs terres.

Dans les différentes provinces du Japon, les
paysans font usage de toutes sortes d'engrais, suivant les cultures auxquelles ils s'adonnent, et suivant
les ressources dont ils disposent.

L'engrais provenant de l'*hosi-ka*[3] (sardines sèches)
est de qualité supérieure, mais son prix est souvent

---

[1] On trouvera la reproduction du texte original de cette notice
plus loin, p. 110.

[2] Je dois la communication de cette notice à l'obligeance de mon
jeune et intelligent ami M. Sakoura-gi.

[3] En japonais: 乾　水　鰯　カ　*hosi-ka.*

trop élevé[1] pour que les cultivateurs pauvres puissent en amender leurs terres. Les sardines sèches se trouvent en si grand nombre dans les mers qui avoisinent le Japon, que c'est à peine si les petits bateaux peuvent y naviguer. La pêche de ces poissons en fournit des quantités considérables. Tout d'abord on en extrait une huile qui sert à l'éclairage chez les gens du peuple ; cette huile est de qualité très-inférieure et donne une fumée noire et épaisse ; on ne la mange point. Une fois l'huile retirée, on fait sécher les résidus et on les vend pour en faire du fumier. Combien il est précieux pour la culture des campagnes !

Les feuilles d'arbre, ramassées dans les bois, après avoir séjourné dans les écuries où elles pourrissent, forment également un très-bon engrais, surtout pour les plantes délicates qui craindraient un fumier trop chaud. On emploie également les plantes sèches[2] et toutes sortes de mauvaises herbes que l'on fauche et que l'on recouvre ensuite de terre pour les faire pourrir.

Les dolichos s'emploient comme engrais mélangés avec des cendres. Pour cela, on se sert de haricots de qualité inférieure qui se vendent très-bon mar-

---

[1] Dans ces derniers temps, 100 *kin* (à peu près 57 kilogrammes) coûtaient en moyenne deux *itsi-bou* d'argent (environ 4 fr. 20 c.).

[2] En japonais : 乾 ホ シ 草 ク サ *hosi-kousa*.

ché [1]. Ces haricots sont triés à l'aide d'une espèce de moulin [2], qui les répartit en quatre classes; la dernière est utilisée pour l'amendement des terres.

Le résidu des graines de chou et de cotonnier, après l'extraction de l'huile, forme également un très-bon engrais [3]; son prix est peu élevé [4]. Il faut toutefois préférer celui qui provient de la graine de chou à celui qui provient de la graine du cotonnier.

La paille d'orge [5], après avoir été déposée dans les rues ou sur les chemins où elle est foulée aux pieds par les passants et par les charrettes, est répandue sur le sol et recouverte de terre. Elle devient un bon engrais.

On emploie de la même manière les boues des rues [6] (avec les immondices de toutes sortes qu'elles renferment).

---

[1] Le prix de 100 kin (57 kilogrammes) de ces dolichos varie de ½ à 1 itsi-bou d'argent (de 1 fr. 05 à 2 fr. 10 c. environ).

[2] Ces moulins sont désignés par les agriculteurs japonais sous le nom de ha-kourouma (羽 ハ 車 ル) «moulin à ailes», ou bien sous celui de tô-mi (唐 タ ウ 箕 ミ) « crible chinois ». Des modèles de ces instruments ont figuré, en 1867, dans la section japonaise de l'Exposition universelle.

[3] En japonais: 油 アブラ 糟 カス aboura-kasou (résidu de l'huile).

[4] On paye communément un itsi-bou (2 fr. 10 cent.) 400 kin (228 kilogrammes) de cet engrais.

[5] En japonais: 麥 ムギ 藁 ワラ mougi-wara « paille d'orge (ou de froment) ».

[6] En japonais: 埖 ゴミ gomi « boue » ou « poussière ».

Les engrais humains sont des engrais supérieurs. Les paysans vont les recueillir dans les villes au moyen de tonneaux d'environ deux *syak*[1] de hauteur sur une largeur de un syak et quelques souns. Ils payent pour chacun de ces tonneaux de un à trois *tem-pô*[2]. Dans les grandes villes, le transport des tonneaux (que les paysans opèrent deux par deux sur leurs épaules jusqu'au lieu de leur destination) n'a lieu que jusqu'à quatre heures du matin[3]. Dans les petites localités, on peut l'entreprendre à toutes les heures de la journée.

Rendu aux champs, le produit des vidanges[4] est déposé dans de larges fosses. Les paysans, les jours suivants, ont soin de le remuer jusqu'à ce qu'il se soit convenablement affaibli; puis ils le mêlent avec de la vieille urine, de la paille, des herbes sèches, de la boue des ruisseaux ou de la cendre, suivant le degré de force avec lequel on veut l'employer[5].

[On se sert de la chaux, dans certaines localités,

---

[1] A peu près 0,31 centimètres.

[2] Le *tempô* (en japonais : 天 テ ン 保 ホ ウ) est une monnaie de cuivre ovale, aujourd'hui très-répandue au Japon, et qui équivaut à environ 20 centimes de notre monnaie. On en peut voir un exemplaire, ainsi que des spécimens des autres monnaies courantes des Japonais, dans la collection de l'Athénée oriental, à Paris.

[3] C'est-à-dire neuf heures du matin, suivant les horloges européennes.

[4] En japonais : 糞 コ イ *koï*.

[5] Voy. sur les vidanges au Japon, p. 19, note.

pour l'amendement des terres; mais son usage est restreint à cause de son prix (relativement) fort élevé.]

Les cendres de plantes brûlées ou provenant des
incendies[1], ainsi que la vase des rivières, transpor-
tée à l'aide de petits bateaux qui la déposent sur les
rives pour l'y laisser sécher avant de l'employer, sont
aussi des engrais auxquels le paysan doit attacher
avec soin son attention.

[1] On sait que les incendies sont très-fréquents au Japon : les maisons étant d'ordinaire construites de bois, à cause de la nature essentiellement volcanique du sol, il n'est pas sans exemple de voir
une ville entière y devenir en quelques heures la proie des
flammes. Yédo, la résidence des syôgouns, notamment, a été plusieurs fois presque entièrement réduite en cendres.

SPÉCIMENS

DU TEXTE ORIGINAL JAPONAIS

AVEC TRANSCRIPTIONS

EN CARACTÈRES INDIGÈNES IDÉOGRAPHIQUES ET SYLLABIQUES

ET EN LETTRES EUROPÉENNES.

SPÉCIMENS DU TEXTE JAPONAIS.

A. --- TRAITÉ DE LA CULTURE DES MÛRIERS.

CHAPITRE I.

(Fac-simile du texte original.)

葉を荊棘を韜をして―――――炎葉を云い棗庭一
顆あられとも云棗に若ろ風―――――又棗に
似る毎ろ葉性大成るをの阿里俗に是を野棗や
調棗を一顆に――を別をのあり

TRANSCRIPTION SINICO-JAPONAISE.

(Signes chinois et caractères syllabiques japonais *kata-kana*.)

一 桑ノ種類ノ事

各國ニテ蚕ヲ廣ク畜ント思ワバ先ニ桑ヲ作

ル事肝要タリ。桑ノ木ハ葉大キニノ丸ク能ミ

重リシ葉ノ面ニ光澤アリテ。桑ノ木ノ色薄

白ク至テ生立能ヲ最上トス。此桑ヲ俗ニ直桑

ト謂 又葉少クシテ葉ニ膀有テ。實ヲ多クム

スブ桑ヲ荊桑ト謂ヨシ。此桑ハ直桑ノ一類

ナレドモ直桑ニ劣ルベシ 又桑ニ似タル葉

ノ大イナルモノアリ。俗ニ是ヲ野桑ト謂。桑ト

一類ニシテ別モノナリ

TRANSCRIPTION PHONÉTIQUE.

(Caractères syllabiques japonais *kata-kana*.)

クワノシュル井ノ「

一

カリコク二テカイコヲヒロリカワントヲモワバサキ二リ

ワヲッケルコカンエウタリ。クワノキワハヲホキ二シテ

マルクヨクくカサナリシ。ハノヲモテ二ッヤアウテ。クワ

ノキノイロウスジロクイタッテ。オイタチヨキヲサイジ

ヤウトス。コノクワヲブク二マグワト云。スハスコシク

シテハ二マタアッテ。ミヲオホクムスブクワヲケイサウ

ト云ヨシ。コノクワハマグワノイ千ル井ナレ㐬マグワ二

オトルベシ。スクワ二ヽタルハノオホイナルモノアリ。ヴ

ク二コレヲノグワト云。クワトイ千ル井二メノベッモノ乚

I. — *Kwa-no syou-rouï-no koto.*

Kakoŭ kokoŭ nité, kaïko-wo hirokoŭ kawan-to omowabu, sa-kini kwa-wo tsonkourou-koto kan-yô tari.

Kwa-no ki-wa ha ohoki-ni sité, maroukoŭ[1] yokoŭ-yokoŭ kasa-nari[2], ha-no omoté-ni tsouya atté (arité) kwa-no ki-no iro ousoŭ-zirokoŭ itatté oï-tatsi yoki-wo saï-zyô to sou.

Kono kwa-wo zokoŭ-ni ma-gwa to i'ou.

Mata ha soukosïkoŭ sité ha-ni mata atté, mi wo ohokoŭ mou-souboŭ kwa-wo keï-sô to i'ou yosi. Kono kwa-wa ma-gwa no itsi-rouï naré-domo, ma-gwa-ni otoroŭ bési.

Mata kwa-ni nitaroŭ ha-no ohoï naroŭ mono ari; zokoŭ-ni koré-wo no-gwa to i'ou; kwa-to itsi-rouï-ni sité betsoŭ mono nari.

---

[1] Notre fac-simile du texte original, par suite d'un accident, porte 九 *kiou* « neuf » au lieu de 丸 *maroukoŭ* « rond ».

[2] Le second manuscrit, auquel répond notre traduction, remplace ce mot par 茂 *sigéri*.

B. — TRAITÉ DE L'ÉDUCATION DES VERS A SOIE.

Chapitre IV.

(Fac-simile du texte original.)

四
蚕に鼠此用心まする子
蚕に毒毒る物を毒する子

蚕移を鼠此好ものあり
鼠通らぬ高き
所に伝る子まして六月より
寒此入まて給

風をあてませー

蚕去て星繭を作るは亨
の間鼠まて

是を食ふを二度々あり
蚕を冬子まて

少々は是をもねませ
蚕に大毒する物を煙草

*7.

能々去り春に

喰ひをがべし

雨降り此時

を来を前

以て切り能々

水を案を去里

呑にあとふ仕

度をををべし

TRANSCRIPTION SINICO-JAPONAISE.

(Signes chinois et caractères syllabiques japonais *hira-iana*.)

蚕に鼠の用心する事

蚕に毒に成物を知る事

蚕種は鼠の好めるあり。鼠の通ぬ高き所につり

置べし。六月より寒の入まで能風にあてべし。

蚕出てより繭を作るまその開鼠来て・・・

と喰事度々あり。蚕を失事少・・・是

を心得べし。蚕に大毒ある物は。煙草小鳥の

ん付る桑の葉と不知して。蚕にあうる事山

俶の否油氣鹽氣胡桃のろ△松脂杉脂の類總て

否の惡き魚を燒事宜うらり。蚕い其毒乃爲に薄

赤色になり又俄にちけ死事あり此毒を能く禁ずべき

事肝要るり。雨天永く續きる時水氣ある桑を蚕に喰

すら事惡ぁー。此時は家乃柱に綱と張。桑乃ぬき

葉を其乃綱につるー。水氣を能去新蚕に喰すー。

雨降の時は桑を前んて切り能く水氣を去と蚕

にあるみ仕度をはべ

TRANSCRIPTION PHONÉTIQUE.

(Caractères syllabiques japonais *hira-kana*.)

四

りひとにぬらみのらうざんするらく
ひとにぞくらるのをさるらく
ひとだぬいぬらをのあむりのあり。ぬらみのうらぬ
うきとろにつれをくぜ。ろくぐをれうりりんのらり
まそくりせにあてべーりひとうそてよらまゆをつくる
まそのあらぶ。ぬらをきろてらまをくらうをさびく
あり。りひとをうをあみくをするあみりらを。
くらを ぜ。りひとにぶいどくあるりの。
めんつるるろりはを――らめもてりひとにあるうるをき
をん――しのにらひわぶうけ をあけくるみのろらまわやに
をぎやにのろりもをてにらりのあ――きうらあをやえ

TRANSCRIPTION PHONÉTIQUE.

(Caractères européens.)

IV.. { Kaïko-ni nézoŭmi-no yô-zin sourou-koto.
     { Kaïko-ni dokoŭ narou mono wo sirou-koto.

Kaïko dané-va nézoŭmi-no konomou mono nari.

Nezoŭmi-no tôranou takaki tokoro-ni tsouri okoŭ-bési.

Rokoŭ-gwatsoŭ-yori kan-no iri madé, yokoŭ kazé-ni até bési.
Kaïko idété-yori mayoŭ wo tsoŭkourou madé-no aïda, nézoŭmi ki-
talté, koré-wo kouró-koto tabi-tabi ari.

Kaïko-wo ousinô koto soukouna karazoŭ; koré-wo kokoro yé-
bési.

Kaïko-ni daï-dokoŭ narou mono-va, tabako, ko-tori no foun
tsoukitarou kwa-no ha-wo sirazoŭ saté kaïko-ni atôrou koto; san-
syo-no nivo'i, aboura-ké, siwo-ké, kouroŭmi-no roui, matsoŭ
yani, soŭgni-yani-no roui, soubété nivo'i no asiki sakana-wo yukoŭ
koto yorosi-karazoŭ.

Kaïko va sono dokoŭ-no tamé-ni ousou aka-iro-ni nari. Mata
niwaka-ni tsidziké sisourou-koto ari. Kono dokoŭ-wo yokoŭ-
kin-zou béki-koto kan-yô nari.

Ou-ten nagakoŭ tsoŭdzoukitarou toki, midzoŭ ké arou kwa-wo
kaïko-ni kwasarou-koto asisi; kono toki-va iyé-no hasira-ni
tsoŭna-wo hari, kwa-no nouré-ba-wo sono tsouna ni tsourousi
midzoŭ-ké-wo yokoŭ sari kaïko-ni kwa-sou bési.

Amé foŭri-no toki-va, kwa-wo maë-motté kiri yokoŭ-yokoŭ
midzoŭ-ké-wo sari kaïko-ni atô si-takoŭ-wo sou-bési.

C. — DE LA SOIE DITE *GO-FOUKOŬ*.

(Spécimen du texte original.)

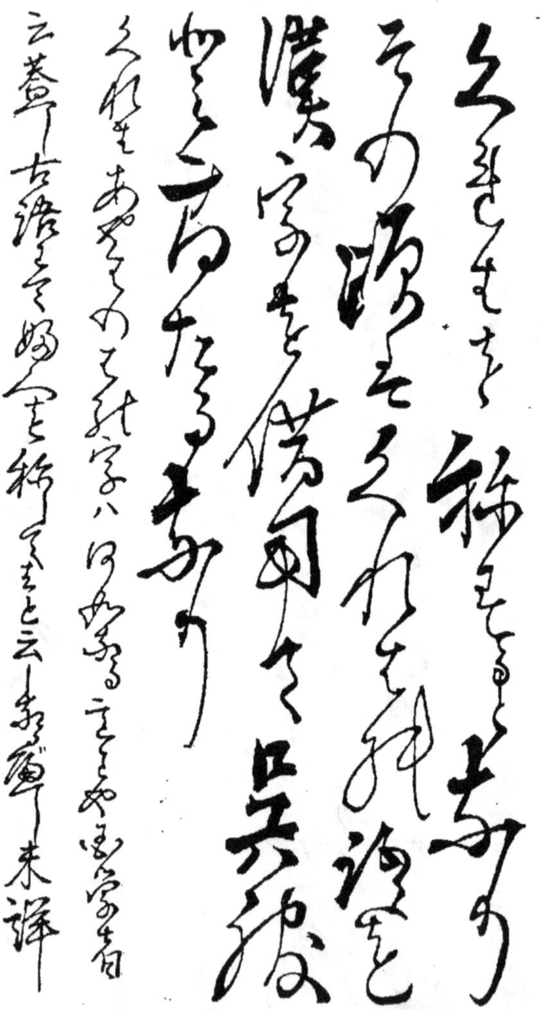

TRANSCRIPTION SINICO-JAPONAISE.

(Signes idéographiques et caractères *hira-kana*.)

呉服

呉ゝ支那の南部をり。初め日本ら呉より兩

人乃婦人来朝をて。養蚕製絹の法を傳。

凸兩婦を「クレハ」「アヤハ」をゑ。「クレハ」の法とク

レハドリとをて。今製をる耶の絹布ゝ。アヤ

ハの傳をアヤハドリとをて。今製をる耶の綾

織るり。呉服の文字と以て今ニ至るを絹布に

名くるハ「クレハ」を稱するとをり。をの頃ハ「クレ」

ハの語を漢字を借用て

呉服 を書きるゝり

△クレハ。アヤハ。の八。の字

ハ何如るゝ意るゝや。國學

者云。蓋ー古語にそ婦人

を稱して。ハ。をゝし

るゝじ。末詳

TRANSCRIPTION PHONÉTIQUE.

(Lettres européennes.)

Go-foukoŭ.

Go-va sina-no nam-bou nari. Hadzimé Nippon-yé go-yori ryô nin-no fou-zin raï-tsyô sité, yô-san seï-ken-no hô-wo tsoutô. Kono ryô fou-wo kouré'a, aya'a to i'ou. Kouré'a-no hô-wo kouré'a-dori to i'oûté, ima seï-soŭrou tokoro-no kempou nari. Aya'a-no den-wo, aya'a-dori to i'oûté, ima seï-sourou tokoro-no aya-ori nari. Go-foukoŭ-no mon-zi-wo motté, ima-ni itarou madé, kém-poŭ-ni nadzoŭkourou-va, kouré'a-wo syô-sourou to-nari. Sono koro-va kouré'a-no go-wo kan-zi-wo kari-motsiité go-foukoŭ to kakitarou nari.

Kouré'a, aya'a no 'a no zi-va ika-narou kokoro-ni ya? kokoŭ gakoŭ-sya ivakoŭ: kédasi inisiyé-no kotoba-nité fou-zin-wo syô sité, 'a to-iisi narou bési. Imada tsoumabiraka narazoŭ.

D. — *KWA.* — LE MÛRIER.

(Texte original chinois-japonais.)

桑

子ヲ名ク椹ト　和名久波

本ハ綱桑ハ箕星ノ之精乃チ蠶所ハ食ニ葉ノ之神

木ナリ也。有リ數種ニ

白桑ハ其葉大ニ如ク掌ノ厚レ。雞桑ハ葉花

葉尖テ而長レ。女桑ハ小、而條長レ皆以レ子ヲ

而薄レ。子桑ハ先ニ椹ヲ而後ニス葉ヲ。山桑ハ

種者ハ不レ若ニ壓條ッ而分ッ者ニ桑生ニ黃衣ヲ

謂ニフ之ヲ金桑ト其木必將ニ稿カントレ矣桑ヲ以構ニ

接則桑大ナリ桑ノ根下ニ埋ムレバハ龜甲ヲ則茂盛ノ不レ

蛀

△按桑ハ養蠶之地皆多栽之有不實者

俗謂之男桑其桑椹初青白漸赤色熟

黑味甜其木堅實黃白色有檽堪爲箱器

古今醫統云白桑葉大而無子蠶食之

蒟厚絲堅而倍常取枝可壓熱地

桑葉　四月茂盛時采ル

之又十一月霜ノ後ニハ多ク

落葉ス時ニ少シ殘ル葉ヲ名ニク

神仙葉ト卽采テ之與ニ前ノ

葉ト同　陰乾擣末ヲ服

凡散煎

湯任意或代ヘテ茶ニ飲メバ之ヲ

能止ニ消渴ヲ除ク脚氣

水腫及勞熱咳嗽ヲ

TRANSCRIPTION DU TEXTE ORIGINAL EN CARACTÈRES *KATA-KANA.*

ザルモノアリ。ヅクニコレヲ

ナオホクコレヲウエル。ミノラ

ハカイコシヤレナフノチミ

イラズ。○アンズルニクワ

スナハチモセイノムレ

ソノキカナラズマサニカレントス。クワヲカウヅ

ニヽカズ。クワヲオウ井ヲシヨズ。ゴシヲキンサウト云。

レ。ミナコヲモツテウヘルモノヱダヲサシテヲカウモ

レテシカフシテナガシ。オンナグヲヲハチイサクノヱダナガ

ヲサキニシテシカフシテハシノチニス。ヤマグヲハタウツニ

ロノゴトクアツシ。キサウハヽバナアツテウスシ。シサウハハカン

ボクナリ。スシユアリ。ハクサウハソノハオホイニレテタナゴノコ

ホンカウクヲハキセイノセイ。スナハチカイコクワヲトコロノレン

クワミヲフナヘトナヅク。ヲメイクワ

ワノ子ノシタニキ

ヲモツテツグトキハスナハチクワヲホ井ミ。

●レヨキニツクルニタ

ユ。コヘン井タウニハク。

シラグヲハヽオホイニレ

シカフシテウナシ。カイ

コヘシヲクラヘバマユアツク

イトカタクレテ。シカフシテツ子

ニバイス。ヱダヲトリ子ツチサス

カリノ

○タワノハヽレグヲツサカリノ

トキコレヲトル。スジグヲツシモノヽ

ベシ。

チニハオホクラクヱフストキニスコシノ

コルハヲシセンヱフトナヅク。スナ

ハチコレヲトツテマヘノハトシナ

ヂクツキマツニフクジアル井ハ

チキニカヘテコレヲノメバヨク

シヤウクヲウシヲドメカケキス

井レヤウオヨビラウチクセ

キヲノゾク

■オトコグヲト云ソノ

ワコハヽヂメアヲレロ

ゼン〳〵ニアカキイロクロキニ

ヂクレハヂワイアマシ。

ソノキクンジツニレテツ

ウハクレヨクモクアリ●

KWA. — *Mi-wo founabé-to nadzoŭkoŭ. Wa-meï kwa.*

Hon-kô kwa-ra ki-seï-no seï; sounavatsi kaïko ha-wo koura'ou tokoro-no sin-bokoŭ nari; sou-syou-ari.

Hak-só-wa sono ha ohoï-ni sité tanasoko-no gotokoŭ atsoùsi. Kei-só-va ha hana atte ousousi. Si-sô-va founabé-wo-saki-ni sité sikôsité ha-wo notsi-ni sou. Yuma- gwa-wa ha togarité sikôsité nagasi. Mé-gwa-va tsiisakoŭ sité, éda nagasi. Mina mi-wo-motté ouyérou mono éda-wo sasité wakatsoŭ mono ni sika-zoŭ. Kwa ô-i-wo syô-zou; koré-wo kiu-sô to ïou. Sono ki kana-radzoŭ masa-ni karen-to sou. Kwa-wo kôzo-wo motté tsougou toki-wa, sounavatsi kwa ohoï nari. Kwa-no né-no sita-ni kikkô wo oudzoŭmou toki-va, sounavatsi mô-séï-sité mousi iruzoŭ.

Anzoŭrou-ni kwa-va kaïko-wo yasina'ou-no tsi, mina ohokoŭ koré-wo ouyérou. Mi norazarou mono ari; zokoŭ-ni koré-wo o-gwa to ïou. Sono só-dzin-va hazimé awo-sirokou, zen-zen-ni akaki iro-ni nari; kouroki-ni dzikoŭ-si, hadziwaï amasi. Sono ki-ken-zitsoŭ-ni sité, ô-hakoŭ syokoŭ; mokoŭ ari; só-ki-ni tsoŭkourou-ni tayou.

Ko-kon-i-tó ni ivakoŭ: Sira-gwa-va ha ohoï-ni sité, sikôusité mi nasi. Kaïko koré-wo kouraëba, mayoŭ atsoŭkou, ito katakoŭ sité, sikôsité tsouné-ni baï sou; éda-wo tori nétsoŭ-tsi sasou bési.

KIVA-NO HA. Si-g'atsoŭ sakari-no toki koré-wo torou; mata

8.

zyou-g'atsoŭ simo-no notsi-ni-va, ohokoŭ rakoŭ-yó sou toki-ni,
soukosi nokorou ha-wo, sin-sen-yô to nadzoŭkou; sounavatsi ko-
ré-wo totté maĕ-no ha-to onadzikoŭ tsoŭki, matsoŭ-ni sité foukou-
sou; arouiwa tsya-ni kayĕté, koré-wo noméba, yokoŭ syô-k'atsoŭ-
wo todomé, kakoŭ-ki, soui-syô, oyobi ró-netsoŭ, séki-wo nozokoŭ.

RAPPORT

A SON EXC. LE MINISTRE DE L'AGRICULTURE,

DU COMMERCE ET DES TRAVAUX PUBLICS,

ACCOMPAGNÉ

DE PLUSIEURS EXTRAITS DE DOCUMENTS JAPONAIS

COMPRENANT :

la liste des diverses espèces de soie, leurs noms industriels,
leur emploi spécial dans les différents genres de manufactures,
un glossaire des termes relatifs à la soie,
une table des marques apposées sur les cartons de graines,
avec l'explication
de nombreuses inscriptions commerciales japonaises, etc.

RAPPORT

A SON EXC. LE MINISTRE DE L'AGRICULTURE,

DU COMMERCE ET DES TRAVAUX PUBLICS.

Monsieur le Ministre,

Par arrêté en date du 12 février 1866, vous m'avez fait l'honneur de me charger d'une mission à Marseille à l'effet de prendre connaissance d'une collection de 15,000 cartons de graines de vers à soie offerts par le syôgoun du Japon à S. M. l'empereur des Français, de les classer et de traduire les inscriptions qui s'y trouvaient attachées. Je me suis empressé de me rendre à ma destination où. après avoir reconnu l'étendue du travail qui m'était confié, j'ai constitué un bureau de neuf personnes à l'effet d'activer les opérations préparatoires de classement et de retarder le moins possible la distribution des cartons aux éleveurs. Mon travail a été accompli en onze jours d'une manière aussi satisfaisante que possible dans les conditions qui m'étaient données, et les cartons, répartis en deux grandes séries subdivisées en sept sections et quatre-vingt-neuf sous-sections, ont été remis entre les mains de la Commission locale[1] avec les indications nécessaires pour lui permettre de procéder à leur distribution avec une connaissance des notes caractéristiques ou explicatives ajoutées à chacun d'eux par les producteurs ou par les marchands japonais.

Je viens aujourd'hui, suivant votre bienveillante invitation, rendre compte à Votre Excellence des observations que m'a suggérées l'étude des 15,000 cartons envoyés en France par le syôgoun du Japon, et lui faire part des faits intéressants pour la sériciculture et pour l'industrie de la soie que la mission qui m'a été confiée m'a donné l'occasion de recueillir.

I.

L'éducation des vers à soie et les diverses industries qui s'y rattachent ont acquis depuis des temps déjà fort reculés une importance considérable au Japon. Aussi, dès les premiers traités conclus entre ce pays et les puissances maritimes de l'Occident[2], l'attention de nos commerçants s'est tout particuliè-

---

[1] Cette commission, nommée par arrêté de S. Exc. le ministre de l'Agriculture, du Commerce et des Travaux publics, était composée de M. Rougemont, adjoint de la ville de Marseille, président, et de MM. Barthélemy-Lapommeraye, conservateur du Muséum d'histoire naturelle de la même ville, Doucet et Derbès.

[2] Le premier traité conclu avec le Japon a été contracté au nom du gouvernement des États-Unis par le commodore Perry, en 1854.

rement fixée sur cette belle et riche production de l'industrie indigène des îles de l'extrême Orient. Il a fallu cependant la propagation sur presque toute l'étendue des contrées séricicoles du terrible fléau qui sévit sur les vers à soie et qui menace de ruiner une des branches les plus importantes de notre commerce, pour placer le Japon dans une situation tout à fait exceptionnelle, et pour ouvrir de ce côté une source de négoce qui tend à acquérir de jour en jour les plus gigantesques proportions. On a bien cru reconnaître, de loin en loin, dans la graine japonaise, quelques symptômes de la maladie actuelle, la *pébrine*; les observations microscopiques semblent y indiquer, en effet, la présence de ces corpuscules qui sont considérés comme des indices certains de cette maladie, et une commission nommée par M. Roches, ministre de France au Japon, croit avoir constaté dans ce pays l'existence du principe épidémique sous la forme apparente de petites taches noires. Mais de récentes études tendent à établir que ce symptôme, loin d'être nouveau dans nos contrées, y a existé au contraire de tout temps, et que l'absence d'observations minutieuses a seule empêché de le signaler plus tôt; et on admet aujourd'hui qu'il ne faut pas se préoccuper outre mesure d'un accident qui n'a rien de bien redoutable lorsqu'il ne s'est pas développé dans certaines conditions d'ensemble encore mal définies.

Or, la maladie des vers à soie a acquis une inten-
sité des plus déplorables en France, en Italie, en
Espagne, en Moldo-Valachie, en Servie, en Tur-
quie, en Anatolie, en Syrie, en Géorgie, et la Chine
elle-même menace d'en être de toutes parts infestée.
Le Portugal, qui avait le plus longtemps résisté au
fléau, ne paraît plus devoir en être bien longtemps
épargné. Le Japon est donc le pays sur lequel repose
tout l'espoir des sériciculteurs, et jusqu'à présent rien
ne fait présumer que cet espoir doive être déçu.

Dans de telles circonstances, de nombreuses demandes de graines de vers à soie ont été faites au
Japon, et leur valeur s'en est si sensiblement accrue
que la fraude n'a pas tardé à chercher à en tirer
profit. L'acquisition d'anciens cartons japonais,
dans le seul but de les recouvrir de graines
européennes, a donné l'éveil à l'autorité, et la griffe
du ministre de France au Japon a dû être apposée
sur les nouveaux cartons pour leur assurer une date
certaine et garantir l'exactitude de leur provenance.
L'arrivée en France de 15,000 cartons offerts par
le syôgoun à l'empereur des Français, cartons revêtus de la sorte de tous les caractères d'authenticité,
a été un véritable événement dont l'industrie séricicole a eu lieu de se préoccuper. Il ne m'appartient
pas de discuter ici de quelle manière ces cartons ont
été obtenus, suivant quels principes ils ont été choi-
sis. Je n'ai qu'à constater les faits qui ont résulté

pour moi de leur examen minutieux ; c'est ce que
j'essayerai d'entreprendre en entrant immédiatement
en matière.

II.

Les Japonais récoltent la graine de vers à soie sur
des cartons et non sur des toiles, comme cela se
pratique dans nos pays[1]. Ces cartons, formés à l'aide
de plusieurs feuilles du papier que les indigènes fa-
briquent avec les fibres du *Broussonetia papyrifera*, sont
coupés à l'avance d'un format uniforme et revêtus,
également avant la ponte, des signes en écriture vulgaire *zokoü-boun*, qui sont d'ordinaire tracés au pin-
ceau sur leur recto. Les inscriptions frappées à l'encre
grasse, au verso des cartons, y sont aussi le plus
souvent apposées à l'avance, afin d'éviter la détério-
ration des graines. Quelques-unes cependant, ayant
pour but d'attester la provenance des œufs, y sont
ajoutées seulement au moment de la mise en vente
des cartons. Ces dernières marques sont en général
les plus importantes pour les sériciculteurs. Je revien-
drai d'ailleurs sur les unes et sur les autres dans la
suite de ce Rapport. Qu'il me suffise pour l'instant
d'ajouter en général qu'au dire des agriculteurs
japonais, les meilleures graines sont habituellement

---

[1] Voy. notamment le comte Dandolo, l'*Art d'élever les vers à soie*,
7ᵉ édit. française, liv. X, § 2.

attachées à de forts cartons revêtus de timbres frappés à froid.

Contrairement à ce qu'on avait supposé en Europe, la graine de vers à soie n'est pas collée ni attachée artificiellement aux cartons : elle s'y trouve fixée naturellement au moment de la ponte des papillons. La régularité, d'habitude si parfaite, de cette ponte sur les cartons, qui avait donné l'idée que les œufs y étaient fixés par les producteurs eux-mêmes, résulte tout simplement du procédé employé par les indigènes pour obtenir cette ponte, et des soins assidus qu'ils mettent à la rendre aussi fructueuse que possible. Dans des conditions normales, un papillon vigoureux passe pour produire de 400 à 500 œufs[1]. Un carton bien garni en supporte en moyenne une cinquantaine de mille, d'où il résulte qu'il faut au moins une centaine de papillons pour le couvrir de graines. Ces papillons sont posés simultanément sur chaque feuille de carton ; et, lorsque la ponte est terminée, les paysans japonais examinent avec

---

[1] En Europe, une femelle pond généralement 400 œufs, et un kilogramme de cocons produit 2 onces ½ de graines. Les éducateurs européens ont remarqué, chez les papillons japonais, une fécondité extraordinaire, qui se traduit souvent par une ponte de 3 onces ½ d'œufs. Ces œufs, il est vrai, sont plus petits que ceux des papillons de nos pays. — Je dois cette note à une gracieuse communication de M. Duseigneur-Kléber (de Lyon), dont tous les sériciculteurs connaissent les beaux et savants travaux sur l'éducation des vers à soie.

soin les places vides pour y placer de nouveau des papillons que, cette fois, ils fixent par les ailes au moyen d'une épingle, afin d'éviter qu'ils ne se dérangent et n'aillent pondre dans des endroits où d'autres ont déjà déposé leurs œufs. Grâce à ce procédé, ils obtiennent cette régularité qui a tant étonné nos sériciculteurs à l'arrivée des premiers cartons de l'extrême Orient.

La plupart des paysans japonais n'élèvent, en fait de vers à soie, que ceux qui ne donnent qu'une récolte par année : il en est cependant qui persistent encore à élever les *natsoŭ-go*[1] ou vers d'été, que nous désignons en Europe sous le nom de *bivoltins* ou de *polyvoltins*. Ces vers à soie ne font pas leurs cocons à la même époque que les vers à soie ordinaires : leur première éducation est de quinze à vingt jours en avance, et la seconde de quinze à vingt jours en retard sur celle de ces derniers. Après la première récolte, les paysans font sécher 99 o/o des cocons pour en extraire la soie; et ils se servent du centième de cocons restant pour obtenir une nouvelle ponte et recommencer l'éducation. Toutefois, les vers à soie polyvoltins ne sont pas estimés au Japon, parce qu'ils donnent des cocons de peu de poids et une soie relativement faible, qui, malgré la double récolte, ne dédommage pas des pertes de temps et des soins causés par une seconde éducation.

[1] Voy. ci-dessus, à la page 75 de notre traduction.

Les Japonais sont loin de priser également les graines qui proviennent de leurs différents centres de production. Celles qu'ils recueillent dans la province d'Ô-syou sont estimées d'une manière toute particulière. Aussi se vendent-elles à un prix relativement fort élevé et sont-elles l'objet de toutes les contrefaçons et de toutes les fraudes imaginables[1]. Les graines de choix de cette province sont retenues longtemps à l'avance dans les lieux mêmes de leur production, et les récoltes sont toujours insuffisantes pour répondre aux importantes demandes des sériciculteurs indigènes de toutes les parties de l'empire.

J'ai eu plusieurs fois l'occasion de m'entretenir avec des agronomes japonais de la graine si vantée d'Ôsyou, et tous m'ont certifié sa valeur exceptionnelle; tous aussi ont été unanimes pour m'assurer que la *graine de choix* de cette province n'était parvenue jusqu'à présent dans les mains d'aucun Européen, et que d'ailleurs toute tentative pour en obtenir une quantité quelque peu considérable en faveur des étrangers serait, dans la situation actuelle du Japon, le signal d'une véritable insurrection populaire. Plu-

---

[1] On trouvera, dans la liste des inscriptions japonaises dont je donne plus loin l'explication, un exemple d'altération de marques de provenance emprunté à la collection de cartons de graines de vers à soie que j'ai été chargé d'examiner durant ma mission à Marseille.

sieurs d'entre eux ont cependant bien voulu se mettre
à ma disposition pour faire venir directement des
lieux de production quelques centaines de ces cartons de choix, s'ils pouvaient rendre un service réel
à notre industrie nationale.

Le commerce de la graine de vers à soie, ainsi
que nous l'avons dit, de tout temps très-considérable
au Japon, y acquiert chaque année, depuis l'admission des Européens dans quelques-uns des ports de ce
pays, un plus vaste développement. Non-seulement
les marchands indigènes ont vu leur clientèle s'enrichir de tous les étrangers qui leur adressent de
continuelles commandes, mais encore les agriculteurs
du pays, excités par l'appât du gain sans cesse
plus grand et plus certain par suite de nos demandes
réitérées, ont étendu le champ de leur éducation
au détriment des autres cultures, qui sont loin de
leur procurer aujourd'hui des produits d'un place-
ment aussi facile et aussi rémunérateur.

En présence de ce grand mouvement commercial,
vous avez pensé qu'il y avait lieu d'étudier les marques
apposées sur les cartons de graines de vers à soie, et
de rechercher tout ce qui pouvait contribuer à nous
éclairer sur la nature et sur l'authenticité des cartons livrés, dans les marchés du Japon, à nos négociants et à nos sériciculteurs. Sans se dissimuler qu'il
puisse arriver parfois que de fausses marques aient
pour but de tromper la confiance des acheteurs, on

doit admettre que souvent elles nous fournissent aussi l'indication honnête et loyale de la provenance des graines.

III.

Comme j'ai déjà eu l'occasion de le dire dans ce Rapport, les marques japonaises des cartons de graines de vers à soie sont de deux sortes : les unes, manuscrites, apparaissent au recto, grâce à la transparence des œufs qui les recouvrent; les autres sont imprimées au verso en encre de diverses couleurs ou simplement frappées à froid dans l'épaisseur du papier[1].

Les marques du recto sont les plus difficiles à reconnaître pour les personnes étrangères à la connaissance de l'écriture idéographique et de l'écriture vulgaire des Japonais. Tracées à la main, qui leur fait subir tous les caprices de la calligraphie indigène, elles sont susceptibles de toutes sortes de variations sous lesquelles les éléments mêmes de leur signification souvent disparaissent pour faire place à des traits extrêmement cursifs et confus. Afin de donner une idée de ces continuelles variations, je choisirai par exemple le signe *papillon*, que je reproduirai d'abord sous sa forme régulière, et ensuite sous

[1] Voy. la figure d'un carton japonais de graines de vers à soie que nous avons reproduite (Pl. XXI) pour faciliter l'intelligence des explications que nous donnons à ce sujet.

quelques-unes des formes qui lui sont données sur
les cartons du syôgoun :

蝶 蝶 蜨
紫 蝶 蝶
蛛 䗂 𧒏

Ces variations, en quelque sorte infinies, seraient
bien de nature à décourager les sériciculteurs qui
voudraient apprendre à reconnaître les marques apposées sur le recto de leurs cartons de graines japonaises, si elles étaient les plus importantes pour eux.
Ces marques manuscrites, qui diffèrent en cela de
celles qu'on trouve au verso des cartons, et dont je
vais parler tout à l'heure, ne sont que les noms vulgaires donnés par les marchands à leurs graines,
noms qui pour la plupart ne répondent nullement.

9

à la qualité des vers et ne nous apprennent rien de bien utile sur leur provenance. On trouvera d'ailleurs à la suite de ce rapport une liste d'une quarantaine de ces noms avec leur transcription en caractères classiques et leur explication en français. Cette liste suffira, je l'espère, pour satisfaire la curiosité des personnes qui pourraient être intriguées par le sens de ces signes aussi singuliers en apparence que de dimension extraordinaire.

J'arrive aux marques estampillées qui figurent au verso des cartons et qui ont parfois un tout autre intérêt pour les sériciculteurs.

Ces marques renferment pour la plupart le nom du lieu de production des graines et celui du négociant qui les livre au commerce, leur titre honorifique et quelques *réclames* en leur faveur. Les signes avec lesquels elles sont imprimées, bien que susceptibles de prendre toutes les formes que la fantaisie indigène peut assigner à des lettres d'enseigne, sont cependant tracés le plus souvent d'une façon régulière en caractères chinois antiques ou modernes. Ces signes toutefois ne doivent pas être lus comme on le ferait pour un texte écrit ou imprimé en Chine, mais bien suivant les principes de la philologie japonaise, qui veulent qu'ils soient exprimés phonétiquement, tantôt par la prononciation anciennement usitée au Céleste-Empire et que les Japonais ont adoptée lors de leurs premières relations littéraires avec le continent asiatique, tantôt par les mots de la langue japonaise vulgaire qui leur servent de traduction.

A l'appui de ces observations et pour servir de guide aux personnes qui voudraient s'habituer à reconnaître les indications fournies par les marques imprimées sur les cartons de graines de vers à soie, je crois devoir reproduire ici un choix de ces inscriptions[1] auxquelles je joins une transcription en lettres latines et une traduction française accompagnée des notes nécessaires à leur intelligence.

EXPLICATION DES INSCRIPTIONS

APPOSÉES AU VERSO DES CARTONS DE GRAINES DE VERS À SOIE.

1.

Gokoŭ zyô-zyô érami.

« Choix extra-supérieur. »

---

[1] L'intelligence de ces inscriptions, et en général de toutes les marques et étiquettes commerciales des Japonais, présente souvent

2.

AUTRE INSCRIPTION EN CARACTÈRES ANTIQUES.

Transcription.

川〔カワ〕 撰〔エラミ〕 本〔ホン〕

東〔ヒガレ〕 種〔ダ子〕 場〔バ〕

Hom-ba. — Kawa-higasi. — Érami-dané.

« Lieu primitif de production — Localité appelée *Kawa-higasi* « l'est de la rivière. » — Graines choisies. »

Au haut de l'inscription se trouve le signe *daï-bosi* « à l'enseigne *Grande-Étoile.* »

pour les Européens de véritables difficultés que l'étude des exemples donnés ici contribuera, je l'espère, à amoindrir.

3.

奥本守
二
州陰長
場
小
泉

Transcription.

Ô-syou. — *Yama-ni.* — *Hom-ba.* — *Mori-yama.* — *Ko-idzoŭmi.* — *In-tsyô.*

« Province d'Ôsyou. — A l'enseigne: *Montagne n° 2.* — Lieu primitif de production. — Ville de Mori-yama. — Endroit appelé Ko-idzoumi. — Marque In-tsyô. »

4.

舌撰

Yama-ni kitsi. — *Érami.*

« A l'enseigne *Bonheur à la Montagne.* — Choix (de graines). »

5.

PIÈCE DE VERS JAPONAIS.

Transcription.

Oto-lukakoŭ,

Atarou kaïko-no,

Tané-ga sima,

Tama-no yô narou,

Mayoŭ-zô idé-ni kéri.

« Ces graines de vers à soie très-célèbres produisent des cocons semblables aux balles des pistolets. » (Littéralement : « aux balles de *Tané-ga sima*, » endroit du Japon où ont été introduits pour la première fois les pistolets européens [1].)

---

[1] Cette pièce de vers contient un jeu de mot basés sur le mot *tané* « graines », qui dépend tout à la fois des mots « graines de vers à soie »

6.

姫經蟲撰 奥州 木場

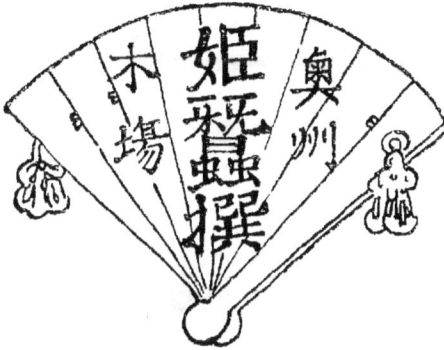

Ô-syou. — Hom-ba. — Himé gaiko érami.

« Province d'Ôsyou, lieu primitif de production. — Choix
de vers à soie dits *Princesse.* »

7.

INSCRIPTION EN CARACTÈRES CHINOIS ANTIQUES

Suï-zyô-érami.

« Choix extra-supérieur. »

(*kaiko-notané*) et « pistolets » (*tané-ga-simo*), qu'on représente comme
faisant grand bruit dans le pays.

8.

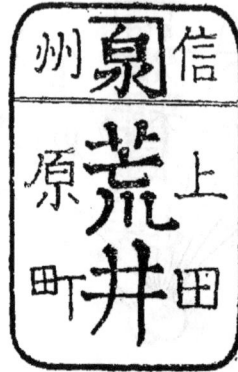

Kané-idzoŭmi. — *Sin-syou.* — *Ouĕ-da.* — *Hara-matsoŭ.*
— *Ara-ï.*

« A l'enseigne *Mesure-Fontaine.* — Province de Sinsyou,
ville d'Ouëda (résidence de daïmyô ou prince féodal).
— Rue Hara. — Le marchand Ara-ï. »

9.

Hon-zen.

« Choix primitif. »

10.

INSCRIPTION EN CARACTÈRES ANTIQUES DES SCEAUX.

Hom-ba. — Zen-ten.

« Lieu primitif de production. — Vers à soie de choix. »

11.

Hom-ba. — Sin-syou. — Ouë-da. — Kin-béki-ten.

« Lieu de production. — Province de Sinsyou. — Ville de Ouëda. — Vers à soie de brocarts (broderies). »

12.

Yama-kosi. — Foukoŭ-syou. — Dzyou-kan.

« Localité appelée Yamakosi. — Bonheur et longévité. — Doublement riche. »

13.

Timbres superposés de 奥 ｱｳ 州 ｼｭ *Ó-syou* et de 信 ｼﾝ 州 ｼｭ *Sin-syou.*

En noir:

チ ッ ハ ウ シ マ
エ タ ラ ヘ ン ル
モ ヤ マ ダ。シ ハ
ン ハ チ。　 ユ。チ。

Marou-hatsi. — Sin-syou, Ouë-da — Hara-matsi — Tsou-tu-ya Hatsi-yé-mon.

« A l'enseigne *le chiffre huit dans un rond.*   Ville de Ouëda, dans la province de Sinsyou — Rue Hara. — Le marchand Tsoutaya Hatsiyémon. »

En rouge :

ナ ハ フ ウ マ
ル ラ ク ヘ ル
サ マ シ ダ ハ
ワ チ マ　 チ

Maroŭ-hatsi. — Ouë-da [Foukoŭ-sima]. — Hara-matsi. — Naroŭ-sawa.

« A l'enseigne *le chiffre huit dans un rond.* — Ville de Ouëda. — Rue Hara. — Le marchand Narou sawa. »

14.

INSCRIPTION EN CARACTÈRES ANTIQUES
DE L'ÉCRITURE APPELÉE *TCHOUEN*.

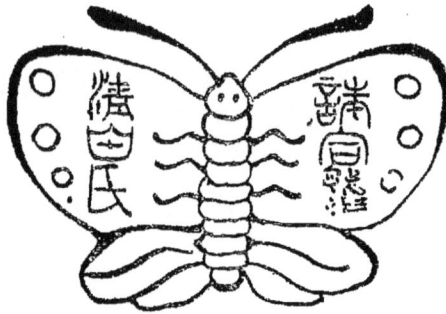

Transcription.

清　請ウグ
田キ　合アイ
氏ョ　撰エラミ
　ダ　。
　ウシ

Ouké-aï éramï. — Kyo-da ouzi.

« Choix garanti. — Le marchand Kyoda. »

15.

Yama-itsi. — Ó-syou. — Ko-idzoŭmi. — Maë-da Riou sakoŭ.

« A l'enseigne *Montagne* n° *1*. — Province de Ôsyou, village de Ko-idzoumi. — Le marchand Maëda Riousak. »

16.

信州上田

州原町

日萬万

Kakoŭ-itsi.—Sin-syou.—Ouë-da.—Hara-matsi —Man·man.

« A l'enseigne *carré* n° *1*. — Province de Sinsyou. — Ville de Ouëda. — Rue Hara. — Marque 10,000 fois 10,000. »

17.

全

信

吉

州

田

Yama-kami. — Sin-syou. — Yosi-da. — Mori-ya.

« A l'enseigne *Montagne-Haut*. — Province de Sinsyou, village de Yosida. — Le marchand Moriya. »

18.

奥州伊達深川
八巻伴藏
美糸蠶

Mi-béki-san. — *Ô-syou Da-té Yana-gawa, Ya-maki Ban-zô.*

« Vers (Graine de) produisant de la belle soie. — Province de Ôsyou, district de Daté, village de Yanagawa. — Le marchand Yamaki Banzô. »

19.

上田
塩尻
中島
田澤楮左門

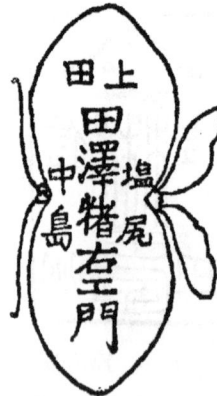

Ouĕ-da. — *Siwo-dziri.* — *Naka-sima.* — *Ta-zawa Iyémon.*

« Ville de Ouëda. — Dans la partie appelée Siwodziri.
Endroit nommé Nakasima. — Le marchand Tazawa Iyémon. »

20.

Inscription en caractères de l'ancienne écriture chinoise
appelée *li-choû* « écriture des bureaux. »

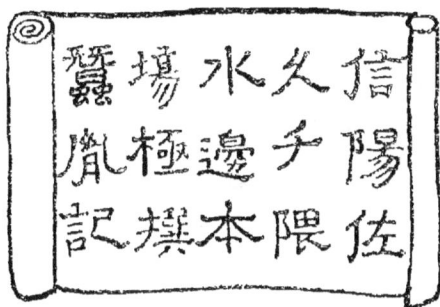

Transcription.

Sin-yô sa-kon tsikouma souï-hen hom-ba gokoŭ-sen san-yen-ki.

« Province de Sinsyou, localité appelée Sakou, auprès de
la rivière Tsikouma, lieu de production, inscription[1] de
graines de vers à soie de choix supérieur. »

[1] Le mot 記 *ki*, que je rends ici par « inscription, » désigne le
rouleau représenté sur la marque-vignette où est tracée l'inscription.

21.

INSCRIPTION EN CARACTÈRES ANCIENS ET MODERNES.

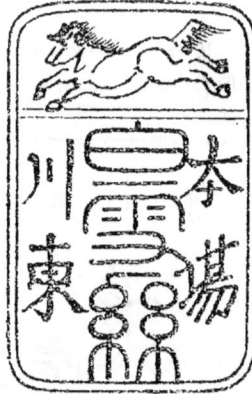

Hom-ba. — *Kawa-higasi.* — *Hakoñ-setsoŭ-si.*

« Lieu primitif de production. — Endroit appelé Kawa-higasi. — Soie de la blanche neige. »

22.

INSCRIPTION EN CARACTÈRES ARCHAÏQUES DES SCEAUX.

Hom-ba. — *Kranu-dané.*

« Lieu primitif de production. — Graines de choix. »

23.

極上
大
上州蓮沼
極本撰種
五十嵐善五郎

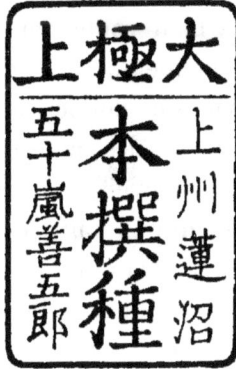

Daï-gokoŭ-zyó. — Zyô-siou hasoŭ-nouma. — I-garasi Zen-go-rô. Hon-érami-dané.

« Extra-supérieur. — Province de Kôtzouké, localité appelée Hasou-nouma. — Le marchand Igarasi Zengorô. — Graines de choix primitif. »

24.

扶桑
之銘蠶

Fou-sô itsi-meï-san.

Première qualité de vers à soie renommés du pays de Fou-sang (le Japon).

*10

Telles sont, Monsieur le Ministre, les principales indications qu'il m'a paru utile de vous soumettre au sujet des cartons de graines de vers à soie sur lesquels vous avez bien voulu appeler mon attention. J'aurais pu augmenter considérablement les exemples que je viens de donner, et même publier la collection complète des marques de fabrique que j'ai traduites à Marseille dans le cours de la mission que vous m'avez fait l'honneur de me confier. Mais il me semble que de plus longs développements à ce sujet seraient superflus, et grossiraient sans grande nécessité ce Rapport qui, suivant votre décision, doit trouver place à la suite de la traduction du Traité de la culture des mûriers et de l'éducation des vers à soie que j'ai entreprise sous vos bienveillants auspices.

IV.

Permettez-moi maintenant, Monsieur le Ministre, de vous présenter en peu de mots sur la sériciculture au Japon quelques observations recueillies dans les entretiens que j'ai eus à plusieurs reprises avec des agronomes japonais, et qui me semblent de nature à tenir une place utile dans ce Rapport.

La supériorité de l'art de la sériciculture au Japon est aujourd'hui généralement admise. Cette supériorité ne repose cependant ni sur l'étude intime de

la physiologie du ver à soie, ni sur des expériences
ou des observations microscopiques analogues à
celles que la maladie des races européennes a pro-
voquées dans tous les centres scientifiques de nos
pays. Elle provient uniquement de la sage conservation des principes enseignés aux cultivateurs du
Nippon par une longue pratique, et de la mesure
raisonnable avec laquelle ils entreprennent leurs
éducations. Une culture intelligente du mûrier, une
propreté de tous les instants, un élevage peu étendu
et confié aux soins des membres seuls de la famille
des paysans, voilà le principal secret de l'art séricicole chez les Japonais.

La bonne culture du mûrier préoccupe tout particulièrement l'attention des insulaires de l'extrême
Orient. Quelques-uns d'entre eux, qui ont visité nos
campagnes dans ces dernières années, ont blâmé
notre méthode d'aménager ces arbres, et ils n'ont
pas hésité à attribuer à cette méthode une partie des
malheurs qui sont venus frapper, depuis quelques
années, la généralité de nos magnaneries. Ils ont
également critiqué notre manière d'arracher sur
place la feuille de mûrier, au lieu de couper les
branches entières, comme on le voit représenté sur
la planche IX de ce volume. Le procédé qu'ils emploient a l'avantage de ne faire subir aux arbres
qu'un petit nombre de plaies tranchées avec netteté
et exposées sans obstacle à l'air libre pour se cica-

triser. Ils considèrent aussi comme très-utile de
veiller à ce que l'air puisse librement circuler entre
les branches émondées avec discernement et régularité. Enfin, ils attachent une attention toute particulière à rajeunir et à renouveler sans cesse les
arbres, qui, à un âge avancé, donnent parfois, il
est vrai, un feuillage plus large et en apparence
plus vigoureux, mais plus aqueux et moins riche en
matière sérigène que durant leurs jeunes années.

La propreté excessive des femmes employées par
les Japonais à l'éducation des vers à soie est également une cause incontestable de leurs succès. Ces
femmes ont la plus grande attention de renouveler
souvent leurs vêtements, ou du moins de les laver
fréquemment afin qu'il ne puisse s'en exhaler aucune
odeur. Les ustensiles employés dans leurs magnaneries[1] sont sans cesse nettoyés à grande eau et séchés
avec soin. Jamais on ne touche à ces ustensiles sans
s'être lavé les mains, et les vers ne sont changés de
place qu'à l'aide de petits bâtonnets également
propres et dont le maniement, un peu embarrassant
lorsqu'on y est peu habitué, devient de la plus
grande simplicité après un peu d'exercice. Les précautions des femmes japonaises sont si grandes
qu'elles s'abstiennent de tout contact avec les vers
à soie à certaines époques périodiques dont il a été

---

[1] Voyez, sur ces ustensiles, les renseignements consignés dans
notre traduction (ci-dessus, p. 49 et suiv.).

question plus haut [1]. Enfin elles évitent de séjourner plusieurs à la fois dans les compartiments de leurs habitations affectés aux élevages; et, pendant qu'elles y sont retenues par le travail, elles se gardent de faire le moindre bruit et souvent même de parler à haute voix.

A côté de ces précautions, excessives peut-être, mais justifiées par les résultats obtenus, on n'en connaît pas de plus importantes au Japon que celles qui consistent à clair-semer sans cesse les vers et à opérer de continuelles sélections, tant pour réunir ceux qui sont à peu près de même grosseur que pour reléguer dans des casiers distincts ceux qui paraissent souffrants ou atteints de maladie.

Ces soins, ces précautions de tous les instants que les Japonais ne sauraient oublier durant leurs élevages, sont cependant impuissants à lutter contre les dangers de toute nature que courent les vers à soie dans les magnaneries où ils sont trop accumulés. La pléthore est dangereuse pour les insectes aussi bien que pour tous les autres êtres. Les sériciculteurs indigènes soutiennent qu'il n'est pas sans inconvénient de tenir rapprochés des cartons de graines en trop grande quantité. A plus forte raison est-il détestable de réunir dans un petit espace un nombre considérable de vers éclos et en voie de croissance.

[1] Page 83.

L'air fréquemment renouvelé est indispensable
à la santé des vers. On doit donc éviter, dans les
magnaneries, tout ce qui peut, non-seulement le
vicier, mais encore nuire
à sa libre circulation. Le
mode de construction des
casiers où sont placés les
plateaux de vers est, au
Japon, essentiellement
basé sur ce principe. Au
lieu de casiers difficiles à
changer de place et fabriqués en lourde menuise-
rie, les Japonais font usage
de simples bambous, qui,
adaptés à des crémaillères,

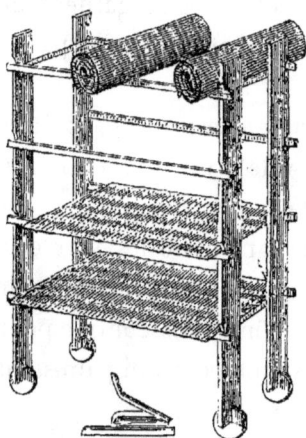

Supports des planches de vers à soie,
dans le Sinano, au Japon.

suffisent pour soutenir les plateaux de graines, qu'on
peut y placer plus ou moins haut, suivant les conditions du local et de l'atmosphère. On forme de la sorte
des étagères extrêmement légères et d'un transport
des plus faciles. Tous les ustensiles de la magnanerie
sont d'un maniement aussi commode et rapide.

Le chauffage des magnaneries n'a lieu au Japon
que lorsque la température exceptionnellement
froide rend cette précaution absolument nécessaire.
Lorsque le temps se maintient à la pluie, et qu'il en
résulte une grande humidité dans l'intérieur du bâti-
ment, on fait encore un peu de feu. Mais, dans

l'une et l'autre circonstance, le chauffage ne saurait être comparé à celui de nos poêles ou de nos calorifères. Il consiste seulement à entretenir allumés quelques charbons de bois dans des brasiers de bronze, en évitant qu'il ne s'en échappe de la fumée ou une odeur de quelque nature qu'elle soit.

Là se résument à peu près tous les mystères de la sériciculture japonaise. Malheureusement, depuis l'arrivée des Européens au Japon, les paysans, excités par les demandes continuelles de nos négociants, tendent à se départir des sages pratiques du temps passé. Eux aussi, ils commencent à ambitionner des récoltes supérieures aux ressources dont ils disposent. Le Japon, ainsi livré à la cupidité du commerce étranger, ne tardera pas à subir le sort des autres contrées du globe, toutes plus ou moins ruinées par l'épidémie qui sévit sur les vers à soie. L'Europe, qui, sous le voile du progrès, porte la démoralisation jusqu'aux extrémités des deux mondes, aura eu l'honneur au Japon d'infester jusqu'aux races animales[1]. Déjà les premiers symptômes de la muscardine ont été constatés dans les localités les plus voisines des ports ouverts à nos commerçants. Quand tous les ports du Japon seront fréquentés par les marchands de l'Occident, les brillants succès de la

---

[1] Le choléra a fait au Japon d'affreux ravages depuis l'arrivée des Européens, qui l'y ont apporté. On leur doit, il est vrai, la création des premiers hôpitaux établis dans le pays.

sériciculture indigène ne seront plus guère que des
souvenirs.

A ce sujet, qu'on me permette de dire qu'on exa-
gère, suivant moi, la valeur des graines japonaises
pour la prétendue régénérescence de nos races européennes. Bien plus que les graines japonaises, les
procédés des éleveurs du Japon peuvent nous rendre
de véritables services. Ces procédés sont fort simples,
je l'avoue : ils paraissent étrangers à tous les raffine-
ments de notre art séricicole ; mais c'est justement
là, à plus d'un égard, leur force et leur valeur. Le
vrai maître n'est pas le Japon, c'est la nature ; mais
le Japon a eu le mérite de suivre la nature, et nous
avons eu le tort de vouloir la forcer.

V.

Mon intention était de joindre à ce Rapport un
résumé des données japonaises relatives aux vers à
soie nourris avec les feuilles du chêne. Je n'ai malheureusement pu trouver, dans les ouvrages japonais à ma disposition, des renseignements étendus
de nature à intéresser les personnes qui ont tenté
avec raison, et parfois même avec un véritable
succès [1], d'acclimater en Europe ces intéressants lé-

---

[1] Au nombre des sériciculteurs qui se sont adonnés avec le plus
de zèle à l'élevage des chenilles du Yama-mayou, il faut surtout citer
M. Camille Personnat, qui prépare une éducation publique de vers à
soie sauvages pour l'Exposition universelle de 1867.

pidoptères de la faune de l'extrême Orient. Je me
bornerai à mentionner à leur sujet les indications
suivantes que j'ai recueillies, dans le cours de mes
voyages, de la bouche même des Japonais les plus
au courant de l'industrie qui se rattache à cette espèce de vers à soie sauvages, ainsi que quelques
notes qui m'ont été fournies par des industriels du
Nippon dignes de la confiance de la science européenne.

Le ver à soie du chêne, connu sous le nom de son
cocon, en japonais *yama-mayoŭ*[1] «cocon des montagnes», mérite à tous égards, suivant les insulaires
du Nippon, l'attention des sériciculteurs. En bien
des circonstances même, il est considéré par les indigènes comme supérieur au ver à soie du mûrier.
La soie qu'on en retire passe dans le pays pour
être plus belle et plus solide que la soie ordinaire.
Au point de vue de la question de la beauté, les
manufacturiers européens ne se rangent pas précisément à l'avis de leurs concurrents asiatiques;
mais ils ne peuvent contester l'opinion de ceux-ci
au sujet de la force et de la durée de la soie du
yama-mayou. Une autre particularité contribue à
faire rechercher cette soie sauvage : je veux parler
de la difficulté relative avec laquelle elle reçoit
à la teinture les couleurs intenses; de telle sorte

---

[1] En japonais : 山 ﾔﾏ 繭 ﾏﾕｳ ou 野 ﾉ 蠶 ｶﾋｺ *yama-mayoŭ*.

que, combinée avec la soie ordinaire et employée
pour le tissage de fleurs ou autres ornements, elle
permet d'obtenir des étoffes dont le fond acquiert
une couleur foncée en même temps que les dessins
conservent une couleur claire, et cela au moyen d'un
seul bain. Toujours est-il que la soie du yama-mayou
est très-recherchée par les Japonais, qui y attachent
une valeur tout à fait exceptionnelle et qui consentent à la payer un prix supérieur[1] à la soie pro-
duite par le *bombyx mori*.

La soie du yama-mayou étant devenue pour les
Japonais un produit d'une importance considérable,
on a dû demander à des éducations artificielles ce
que la nature livrée à elle-même ne produisait pas
en quantité suffisante pour les besoins du pays. C'est
ce qui a donné naissance, dans diverses provinces
du Japon, à la formation de magnaneries spéciales
au ver du chêne. La production de la graine, toutefois, n'ayant jamais été très-abondante dans ces magnaneries, les élevages de yama-mayou n'ont pris

---

[1] Les soies gréges de yama-mayou se sont vendues en 1865 aux
lieux de production au Japon environ 55 francs le kilogramme, tandis que les soies ordinaires se vendaient 60 francs (*Rev. de séric.
comp.* 1865, p. 39). Mais le cours du marché indigène est fréquemment à l'avantage de la soie du chêne. Du moins, les Japonais que
j'ai eu l'occasion de consulter à cet égard sont unanimes pour l'affirmer. Leur déclaration s'accorde du reste avec les données du docteur
Pompe Van Meerdervoort, qui attribue à la soie du yama-mayou une
valeur d'environ 75 à 80 francs le kilogramme.

'de l'extension que dans un petit nombre de localités, ce qui a contribué à conserver à leurs produits
le prix élevé où ils se maintiennent encore à présent sur les marchés indigènes.

Aujourd'hui, les principales éducations du yama-
mayou se rencontrent surtout dans les principautés
de Déva, de Higo et de Yétsizen; on en trouve
également, mais en petit nombre, dans les provinces
de Satsouma, de Tsikougo, de Boungo, de Bouzen,
de Nagato, d'Aki, de Bingo, de Bitsiou, de Harima,
de Mimasaka, de Iga, de Mino, de Owari, de Sinano, de Kotsouké et de Simotsouké. Depuis une
dizaine d'années, on a tenté d'établir quelques magnaneries du même genre dans les campagnes du
Mousasi, auprès des habitations des paysans; mais les
résultats qu'on a obtenus de ces vers, nourris avec des
branches d'arbres coupées dans les forêts, n'ont
généralement pas dédommagé du temps et des soins
qu'il a fallu leur consacrer. La soie qu'on en a retirée, mélangée avec de la soie ordinaire, a été employée surtout à la fabrication de tissus du genre des
crêpes de Chine.

Le chêne est, de toutes les essences du Nippon,
celle qui paraît convenir le mieux à la nourriture de
la chenille du yama-mayou. L'expérience a démontré qu'on pouvait remplacer au besoin la feuille de
cet arbre par celle d'un assez grand nombre de végétaux différents; mais les sériciculteurs indigènes

ont reconnu que ces divers végétaux ne devaient
être donnés aux vers qu'accidentellement, si l'on
voulait éviter une perte considérable à la fin de
l'éducation.

Plusieurs espèces de chênes appartenant à la
Flore des îles de l'Asie orientale sont employées avec
succès pour l'élevage des vers à soie sauvages. Toutefois, celle que préfèrent les indigènes est appelée
par ceux-ci *siro-kasi*[1] « chêne blanc ». On fait également un bon usage des feuilles de deux autres espèces : le *kasiva*[2] et le *kousoŭ-gi*[3]. L'écorce de ces
deux arbres fournit aussi une matière colorante
employée pour la teinture en noir.

L'éducation des vers du yama-mayou se fait le
plus souvent sur les arbres mêmes dont les feuilles
servent à leur nourriture, et ce mode d'élevage est
sans contredit le plus favorable au développement
des chenilles et à la formation de beaux cocons,
d'autant plus que le bombyx du chêne est moins
sujet à souffrir des variations de la température que
le bombyx du mûrier. Il faut dire, il est vrai, que
les éleveurs ont beaucoup à souffrir, dans les éduca-

---

[1] En japonais : 畝西樜 *siro-kasi*, Quercus sirokasi, Sieb.

[2] En japonais : 樂 *kousoŭgi*, Quercus serrata, Thunb.

[3] En japonais : 槲 ou vulgairement 柏 *kasiva*, Quercus dententa, Thunb.

tions en plein air, des insectes et des oiseaux de tous
genres qui dévorent une quantité de vers, depuis
leur naissance jusqu'au moment où ils se disposent
à filer. C'est ce qui a engagé les paysans à élever
parfois les yama-mayou sur des branches plantées
dans des fosses ou placées dans des baquets où elles
conservent leur fraîcheur au moyen de l'eau qu'on
a soin d'y renouveler de temps à autre. On peut alors
éviter les attaques des oiseaux en étendant sur ces
branches des filets à mailles étroites et soutenus de
distance en distance par des piquets enfoncés en terre.

Les Japonais recueillent également les yama-
mayou sur les montagnes et dans les forêts où ils
vivent à l'état sauvage. Ils choisissent de préférence
la nuit pour cette opération, les cocons ne s'aper-
cevant que très difficilement pendant la durée du
jour. Aussitôt que l'obscurité s'est répandue sur la
terre, ils parcourent les bois de chêne où, grâce à la
lueur des torches qu'ils allument à cet effet [1], les cocons leur apparaissent avec des reflets argentés et
cristallins. Des hommes, des femmes et même des
enfants sont employés à cette opération lucrative qui
souvent assure l'aisance et le bien-être de nombreuses
familles pauvres de paysans.

Je suis, Monsieur le Ministre, etc.

LÉON DE ROSNY.

[1] Voy. Planche XXII.

ANNEXES AU RAPPORT

A SON EXC. LE MINISTRE DE L'AGRICULTURE,

DU COMMERCE ET DES TRAVAUX PUBLICS.

A. — Table des signes tracés sur les cartons de graines
de vers à soie.

Itsi-mai-érami, seule feuille choisie.

Haroŭ-goma, petit cheval du printemps.

Hakoŭ-kó, splendeur blanche.

Hakoŭ-ryoú, dragon blanc.

Hom-ba-tané, graines venant de la région primitive de production.

Hon-tané, graines de 1ʳᵉ choix.

Hon-tsyó, papillons de 1ᵉʳ choix.

Hon-érami, choix primitif.

Bétsoŭ-érami, choix des choix.

Tobi-kiri-tsyó, papillons de 1ᵉʳ choix.

Tsyô-érami, choix de papillons.

Kan-syoú, graines avantageuses.

Ryoú-ô, roi des dragons.

Daï-ryoú, grand dragon.

Ó-ryoú, dragon jaune.

Daï-gokoŭ-zyó, qualité extra-supérieure.

Ó-gon-k'a, fleur d'or.

Daï-seï, grand bleu.

Ó-gon-érami, choix (couleur) d'or.

Tama, pierre précieuse, gemme.

Ó-gon-seï, espèce (jaune) d'or.

Ousoŭ-siro, blanchâtres.

Oa-gon-seï, grande espèce d'or.

Kouni-itsi, première du royaume.

二 撰

Foûtatsoŭ-érami, deux fois choisie.

撰 種

Érami-dané, graine de choix.

扶 桑 撰

Fou-só-érami, choix du pays de Fou-
sang (le Japon).

て ゞ 愛

Té-haki, nettoyé à la main.

光 錦

Kó-kin, brocart éclatant.

手 撰

Té-érami, choisi à la main.

挺 乙 飛

Gokoŭ-ten-tobi, extra-supérieur.

最 上 種

Saï-zyó-tané, graine très-supérieure.

極 上

Gokoŭ-zyó, très-supérieur.

蚕 國

San-gokoŭ, royaume des vers à soie.

挺 精

Gokoŭ-seï, très-vigoureux.

金 花

Kin-k'a, fleur d'or.

挺 撰

Gokoŭ-sen, choix supérieur.

金 銀 山

Kin-gin-zan, montagne d'or et d'argent.

Sina-no érami, choix de la province de Sina-no.

Sin-érami, nouveau choix.

Seï-hakoŭ, blanc-bleu.

Seï-tsyó, papillons bleus.

Seï-ryoŭ, dragons bleus.

Seï-kó, splendeur bleue.

Seï-kó-ito, soie bleue éclatante.

Seï-kin-san[1], vers à soie pour brocarts bleus.

Érami, choix.

Érami-dané, graines de choix.

---

[1] La prononciation correcte du 3e caractère de ce nom est *ten*, mais je dois le lire *san*, les Japonais l'employant à tort dans les textes vulgaires pour le signe 蠶 dont la lecture est *san*.

B. — EXTRAITS DE DOCUMENTS JAPONAIS

COMPRENANT

la liste des principales espèces de vers à soie, des localités renommées pour la production des graines, des diverses variétés de
soieries, leurs noms industriels, leur emploi spécial dans les différents genres de manufactures, un glossaire des termes relatifs à
la sériciculture, etc.

———

蚕 蠶 種 類

Kaïko-si-roui.

Des diverses espèces de vers à soie.

白 繭　*Hakoŭ-mayoŭ.* (Espèce de) cocon blanc.
Malgré le nom qu'ils portent, ces
cocons sont parfois de couleur
jaune.

春 蚕　*Haroŭ-go.* Vers à soie bivoltins de la
première ponte.

夏 蚕　*Natsoŭ-go.* Vers à soie bivoltins de la
seconde ponte.

山 繭　*Yama-mayoŭ.* Cocons des montagnes
(vers à soie sauvages).

蚕 種 の 場 耴

Kaïko-tané-no ba-syo.

Localités renommées pour la production des graines de vers à soie.

陸奥。 Province de *Mou-tsou.*

奥州 ou de *Ô-syou*[1].

仙臺 Département de *Sen-daï.*

伊達 Département de *Da-té.*

二本松 Département de *Ni-hon-matsoü.*

福嶋 Département de *Foukoü-sima* (l'île du Bonheur).

信濃。 Province de *Sina-no.*

信州 ou de *Sin-syou.*

---

[1] Ce dernier nom est synonyme du précédent. On remarquera que les provinces mentionnées plus loin ont également deux noms.

上^ツヘ 田^ダ Département de *Ouë-da* (le champ supérieur).

松^{マツ} 代^{シロ} Département de *Matsoŭ-siro*.

松^{マツ} 本^{モト} Département de *Matsoŭ-moto* (le pied des pins).

飯^イ 田^ダ Département de *Iï-da* (le champ de riz).

上^{コウ} 野^{ツケ} Province de *Kó-dzoŭké*.

上^{シャウ} 州^{シウ} ou de *Zyô-syou* (la province supérieure).

沼^{ヌマ} 田^タ Département de *Nouma-ta*.

前^{マヘ} 橋^{バシ} Département de *Maë-basi*.

織物場耶

Ori-mono ba-syo.

Manufactures (principales) de soieries.

京都 Kyô-to (Myako).

Oyoso ni-zyou-nen i-zen-wa kyo-to-no ori-mono ohosi.

Il y a environ vingt ans et antérieurement le nombre des manufactures de soieries à Kyô-to (capitale du Japon) était considérable.

羽二重 *Ha-bou-tai.*

On fabrique dans cet endroit les vêtements des *Daï-myô* ou princes féodaux du Japon (en japonais : *Daï-myô-no i-foukoŭ-ni sou*).

縮面 *Tsiri-men*, crêpe de Chine employé surtout par les dames.

朱子 *Syou-sou*, satin.

純子 *Don-sou*, damas.

錦 *Nisiki*, tissu fait de soie et de papier d'or ou d'argent.

ソメモノ *Somé-mono*, teintures (de Kyô-to) les plus célèbres :

紅 *Beni* ou *Hi*, rouge, écarlate.

桃 モ 色 イ *Momo-iro*, rose (couleur de pêche).

紫 ムラサキ *Mourasaki*, violet.

淺 アサ 黄 ギ *Asa-gi*, bleu de ciel[1].

黑 クロ *Kouro*, noir.

筑 チク 前 ゼン Tsikou-zen. La province de *Tsikŏu-zen*, dans l'île de *Kiou-siou*.

博 ハカ 多 タ 帯 オヒ *Hakata-obi*, ceintures de soie, de qualité supérieure; soie très-forte.

上 ユウ 野 ツケ Kô-dzouké. La province de *Kô-dzoŭké*, au nord-ouest de Yédo.

桐 キ 生 リウ *Ki-riou*, petite ville d'environ 4 à 5,000 âmes.

---

[1] L'expression *asa-gi* a induit en erreur, comme on pouvait s'y attendre, quelques orientalistes, notamment Medhurst, qui, se fondant sur le sens des caractères chinois (淺 黄 *ts'ien-hôang*, léger-jaune), a traduit ce mot, dans son *Vocabulary of the Japanese language*, par «Fish colour, a light yellow»). M. Gochkiévikh en a bien compris le sens, qu'il rend ainsi : вѣтло-голубой цвѣтъ. *Dict. japonais-russe*, au mot アサギイロ. — Le grand dictionnaire indigène *Syo-gen-zi-kó* donne pour synonyme du mot *asagi* les mots 青 白 色, litt. «azurée-blanche-couleur», autrement dit «bleu clair».

嶋ㇾ 縮ㇼ 面ㇱ *Sima-tsiri-men*, espèce de crêpe (rayé) à nervures de plusieurs couleurs.

小ㇰ 柳ㇼ 帯ㇸ *Ko-yanagi-obi*, ceintures de dames en une espèce de satin très-fort.

純ㇱ 子ㇲ 帯ㇸ *Don-sou obi*, ceintures de damas pour dames.

博ㇷ 多ㇰ 帯ㇸ *Hakata obi*, ceintures de soie. (Voy. ci-dessus.)

Oyoso ni-dzyoŭ nen i-raï, kono syo-hin-va kyo-to gaï-nité orou ; nakandzoŭkou ya-syou ki-riou to i'ou tokoro-no san-wo yosi to sou. Katsoŭ myako ori-yori ka-tsyokoŭ nari.

OBSERVATION. — Ce n'est que depuis une vingtaine d'années que ces produits sortent de manufactures étrangères à Kyô-to. A *Ki-riou* notamment, on en fabrique d'excellents et d'un prix plus modéré que ceux de la capitale des mi-kado (empereurs et souverains pontifes du Japon).

高ㇰ 崎ㇰ 絹ㇲ *Taka-saki ginou*, soie ordinaire de la ville de Takasaki, employée surtout pour faire des doublures.

吉 ヨ シ 井 ヰ 絹 ギ ヌ *Yosi-ï ginou*, soie ordinaire de Yosi-ï.

前 マ ヘ 橋 バ シ 絹 ギ ヌ *Maë-basi ginou*, soie ordinaire de Maë-basi.

武 ム サ 藏 シ Mousasi. La province de *Mousasi*.

秩 チ ヽ 父 ブ 絹 ギ ヌ *Tsitsi-bou ginou*. Soie du district de Tsitsi-bou, employée surtout pour doublures.

秩 チ ヽ 父 ブ 嶋 シ マ *Tsitsi-bou sima*. Soie à rayure de Tsitsibou.

八 ハ チ 王 ワ ウ 子 ジ *Hatsi-ô-zi*. Petite ville où l'on fabrique une espèce de doublure de soie extrêmement forte.

八 ハ チ 丈 ジ ヤ ウ *Hatsi-zyô*. Nom d'une espèce de soierie tiré de celui d'une île.

甲 カ 斐 ヒ Ka-ï. La province de *Ka-ï*.

府 フ 中 チ ユ ウ *Fou-tsyoû*. Grande ville où l'on fabrique de la soie pour doublures de luxe.

海氣 *Kaï-ki.* Nom de l'étoffe mentionnée ci-dessus et sortant principalement des fabriques de *Fou-tsyoû.*

信濃 Sina-no. La province de *Sina-no.*

上田紬 *Ouyé-da tsoŭmougi.* Soie blanche forte pour faire des par-dessus (vêtements supérieurs des Japonais).

糸子 *Nana-ko.* Variété de la soie précédente, employée communément pour le même usage.

出羽 Dé-va. La province de *Dé-va.*

米澤糸織 *Yoné-zawa ito-ori.* Soie rayée, ordinairement de couleur grisâtre, de la qualité la plus belle et la plus solide.

陸奥 Moutsoŭ. La province de *Moutsoŭ.*

仙臺平 *Sen-daï-hira.* Soie (pleine, unie) employée surtout pour les pantalons des *daï-myô* (princes féodaux) et des personnes riches ou de haut rang. On se sert de cette soie sans doublure.

GLOSSAIRE DES PRINCIPAUX TERMES

RELATIFS

A LA SOIE ET A LA SÉRICICULTURE.

—

Aya あや, satin broché. || Ornement ou dessin dans un tissu.

Birôdo びろど, velours.

Donsou どんす, sorte de fort damas.

Founabé みるべ, fruit du mûrier.

Go-foukoŭ ぐみく, soieries.

Hana-gwa はみぐい, mûrier à fleurs.

Hata はた, métier de tisserand.

I-sirazou いふらず « vers qui ne savent pas habiter », voy. p. 45.

Ito-hiki いとひき, filateur.

Ito-gouri いとぐり, dévidoir.

Ito-maki いとまき, rouet pour dévider le fil.

Ito-wosomérou いとをそめろ, teindre le fil.

Ito-tsidzimi いとちぢみ, étoffe.

I-yasoŭmi ろやをみ, arrêt ou mue des vers à soie.

Kaiko かひく, vers à soie.

Kaiko wo yasinô かひくを やみるみ, élever des vers à soie.

Katori かとり, soierie légère, sorte de gaze de soie.

Keï-sô けいさう, mûrier épineux.

Ki-mayoŭ きまゆ, cocon jaune.

Kinou きぬ, soie.

Kinou-bata きぬはた, métier à tisser la soie.

Kinou-ito きぬいと, fil de soie.

Kinou ori-ba きぬをりば, manufacture de soie.

Kinou-ori-mono きぬをも もの, tissus de soie.

Kinou-wo nirou きぬをに ろ, décreuser la soie.

Ko-gwa くぐい, mûrier à fruits.

Kosodé こそで, vêtement de soie.

Kôya こうや, teinturier.

Kwa くは, mûrier.

Kwa-bata くいばた, champ de mûriers.

Kwa-naï くはゐへ, pourrettes de mûriers.

Kwa-no-ha くはのは, feuilles de mûrier.

Ma-gwa まぐは, vrai mûrier.

Ma-wata まわた, ouate de soie.

Mayoŭ まゆ, cocon.

Mé-tsyô めちやう, papillon femelle.

Mi-gwa みぐは, mûrier à fruits.

Momi もみ, soie rouge légère pour doublure.

Mo-yó-ori もやうをも, soie brochée.

Mozi もじ, sorte de filet de soie pour par-dessus.

Nan-só なんさう, mûrier mâle.

Natsoŭ-gô なつぐ, vers à soie d'été.

Nisiki にしき, tissu fait de soie et de papier d'or ou d'argent.

Niva-tori-gwa にはとも ぐは, mûrier des poules.

Noŭ ぬふ, broder, coudre.

Nou-i ぬひ, broderie.

Noui-hakoŭ-ya ぬひぐは や, brodeur.

Noui-mono ぬひもの, broderie.

Noui-zarasa ぬひさらさ, broderie à fleurs.

O-gwa をぐい, mûrier.

Oki をき, réveil des vers à soie.

Orou をろ, tisser.

O-tsyô をちやう, papillon mâle.

Ouzi う じ , sorte de vers qui ne donnent pas de papillons.

Rinzou り ん ず , sorte de damas de soie faible.

Saya さ や , taffetas.

Sira-gwa し ら ぐ わ , mûrier blanc.

Somé-iro そ め い ろ , couleur pour teinture.

Somé-mono-ya そ め も の や , teinturier.

Somérou そ め ろ , teindre.

Syou-sou し う す , satin.

Tané た ね , graine.

Tané'a た ね や , marchand de graines.

Tané-gami た ね が み , carton de graines.

Tané-dori た ね ど り , grainage.

Tan-mono た ん も の , pièce d'étoffe.

Tobi-zaya と び ざ や , soie à fleurs.

Tsirimen ち ゞ め ん , crêpe.

Tsoŭmi つ み , mûrier sauvage.

Tsoŭmou つ む , fuseau.

Tsoŭmougi つ む ぎ , tissu de soie filée.

Tsoŭmougou つ む ぐ , filer.

Tsyô ち や う , papillon.

Yama-gwa や ま ぐ わ , mûrier des montagnes.

Yama-mayoŭ や ま ゝ ゆ , cocons des montagnes.

Yori-ito よ ゞ い と , fil, fil tors.

Yorou よ ろ , tordre, tresser.

Yô-san や う さ ん , élever des vers à soie.

PLANCHES.

EXPLICATION DES PLANCHES.

一

真
素
取
水
二
土
ヲ
拭
ル
圖

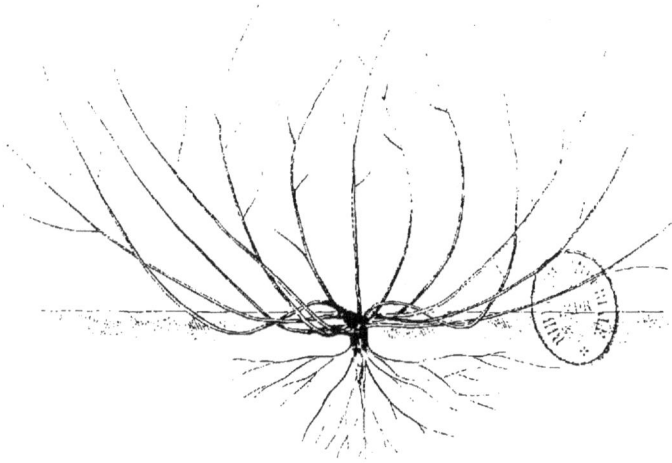

二

真
来
苗ニ
取ル
圖

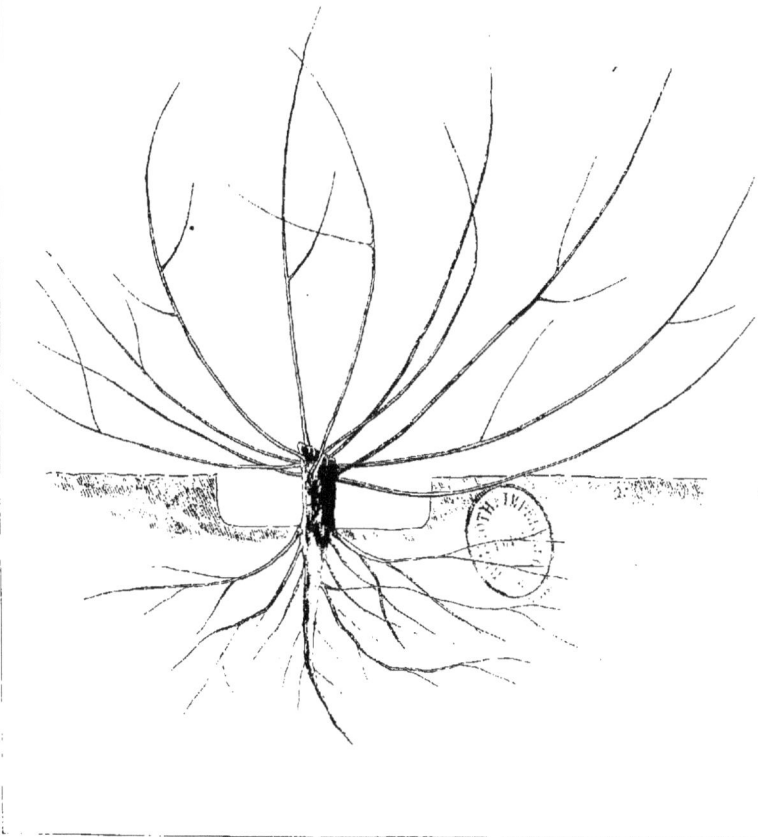

rprimerie Incertaie.

三

桑苗ヲ九三尺ニ従彼ノ苗
根付シ頃桑正中ヲ切捨ル圖

桑苗ヲ始テ畑ニ
植付圖

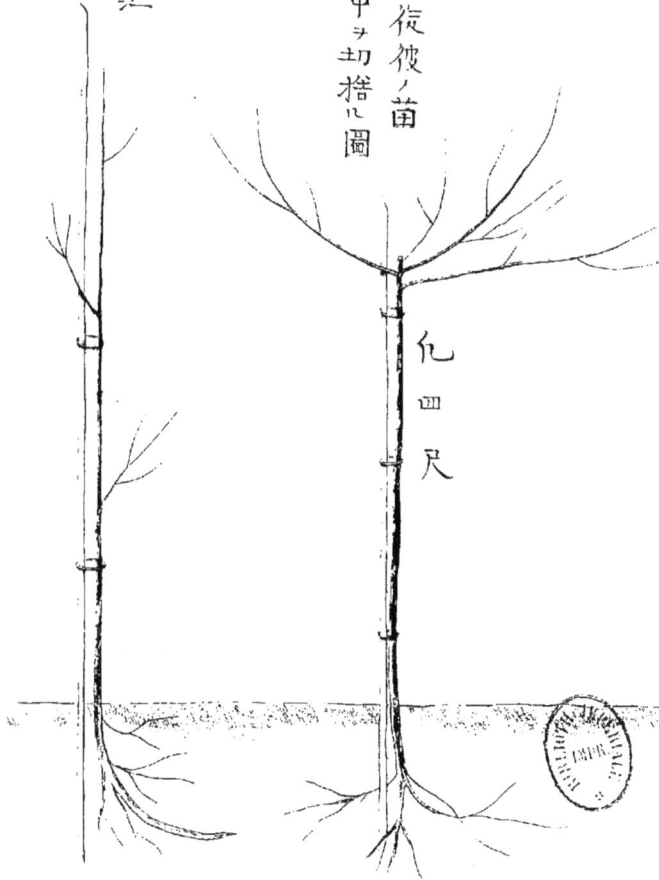

九四尺

四

真桑ニ下糞ナスル時根之掘様

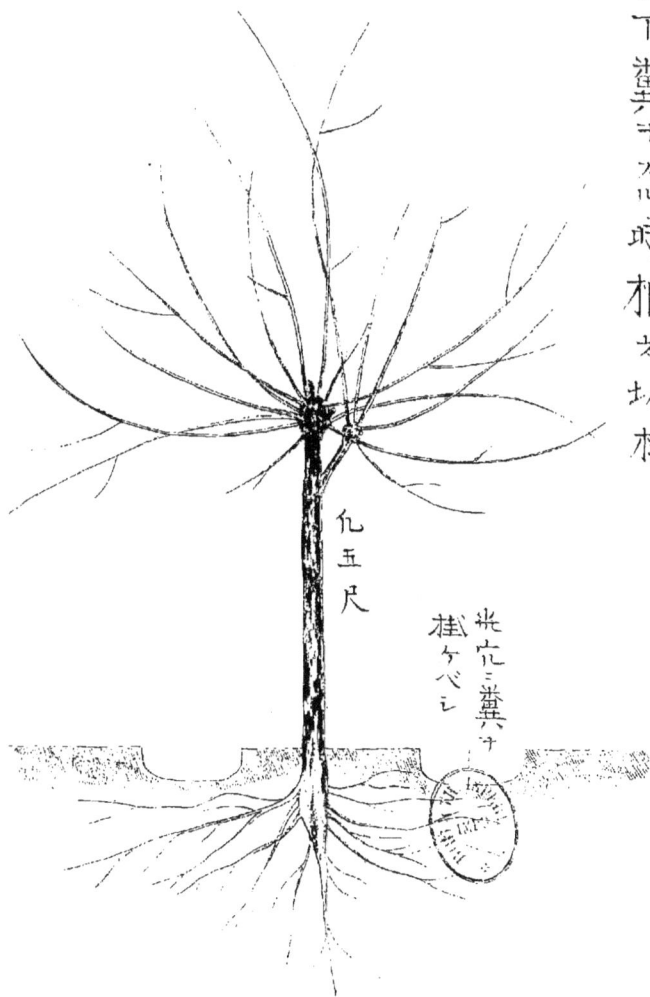

九五尺

光穴ニ糞ナ
掛ケバシ

五

冬ニ至テ来之枝ヲシバル圖

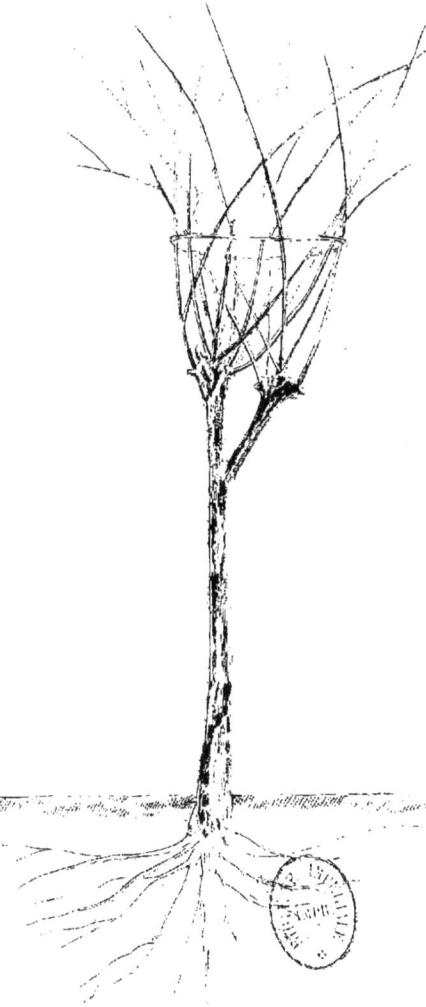

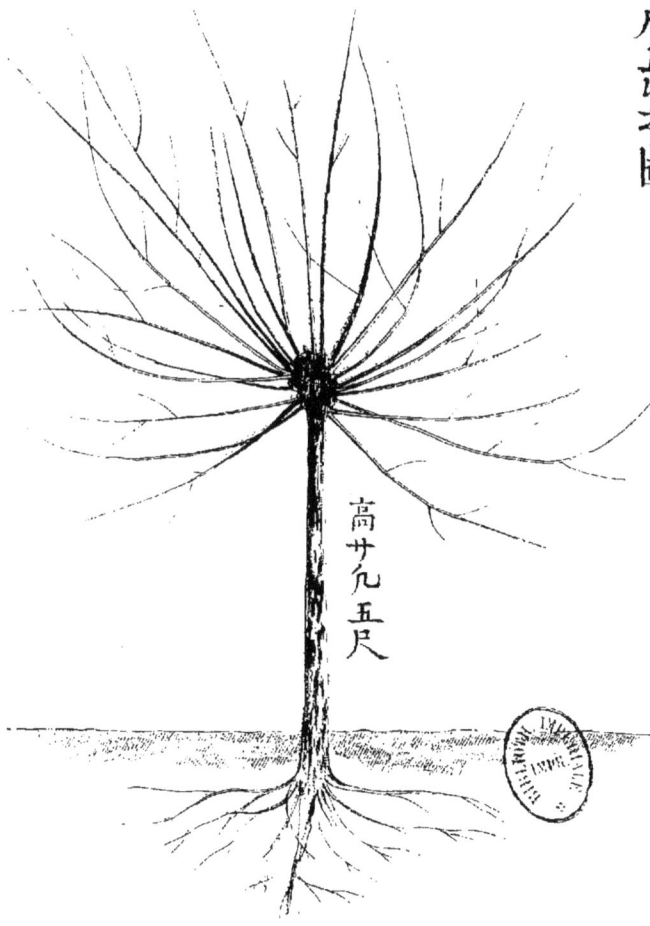

六

真来平常成長之圖

高廿九五尺

七

来
之
枝
ヲ
切
ル
圖

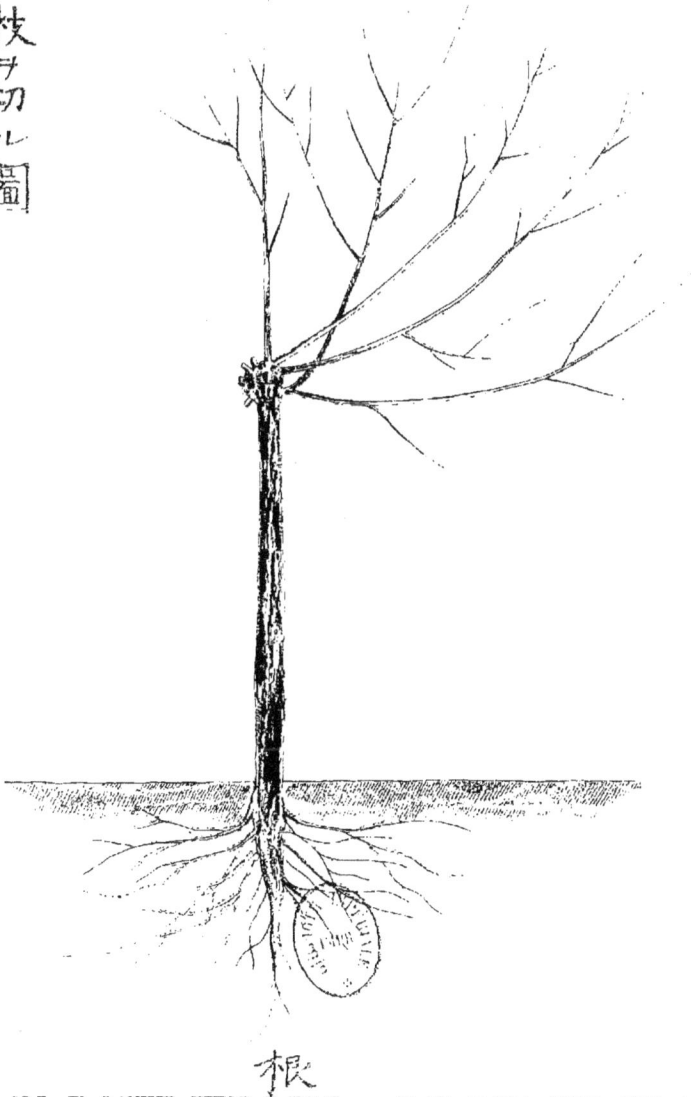

根

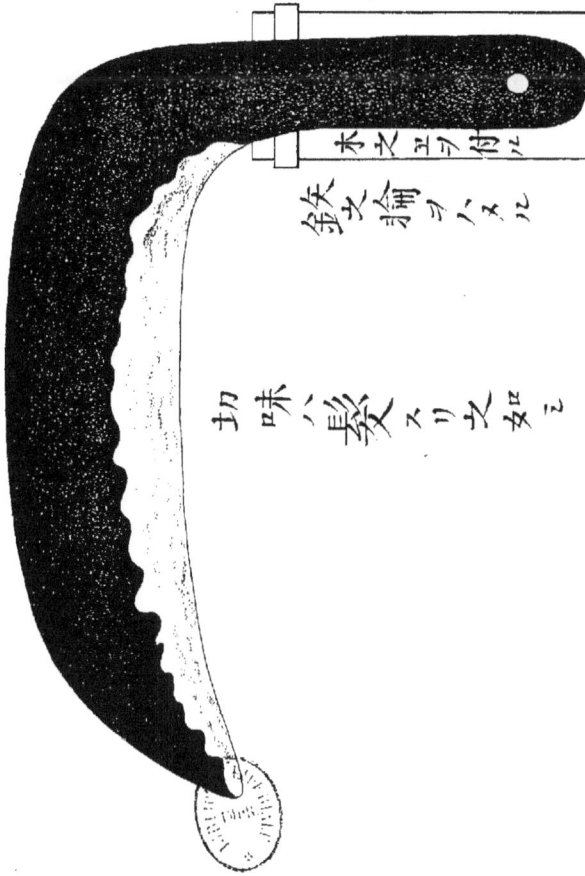

釘大ナ

木之引柄ル

鉄之湳ヲハスル

切味ハ髪ヲキルカ如シ

調此渋寸

東茅
兩切
天ニ
ノ越
則鎌
鎌ト
田曰

Couteau pour couper les feuilles de mûrier

Imprimerie impériale.

桑
の
枝
を
切
る
圗

Manière de couper les branches de mûrier.

Manière de couper la feuille de mûrier

Manière dont on fait tomber les feuilles des branches de mûrier

Manière de faire tomber des cartons, à l'aide de bâtonnets, les vers à soie nouvellement éclos.

Imprimerie Impériale

Manière de donner les feuilles de mûrier aux vers à soie dans les provinces du Kwan tô.

Imprimerie Impériale.

Manière de trier les vers à soie prêts à filer.

Imprimerie impériale.

図るて立に度支一の器蔟

Manière de disposer dans les coconnières les vers à soie prêts à filer.

Manière de détacher les cocons.

Imprimerie Impériale.

Manière de disposer les papillons pour l'accouplement.

Imprimerie Impériale.

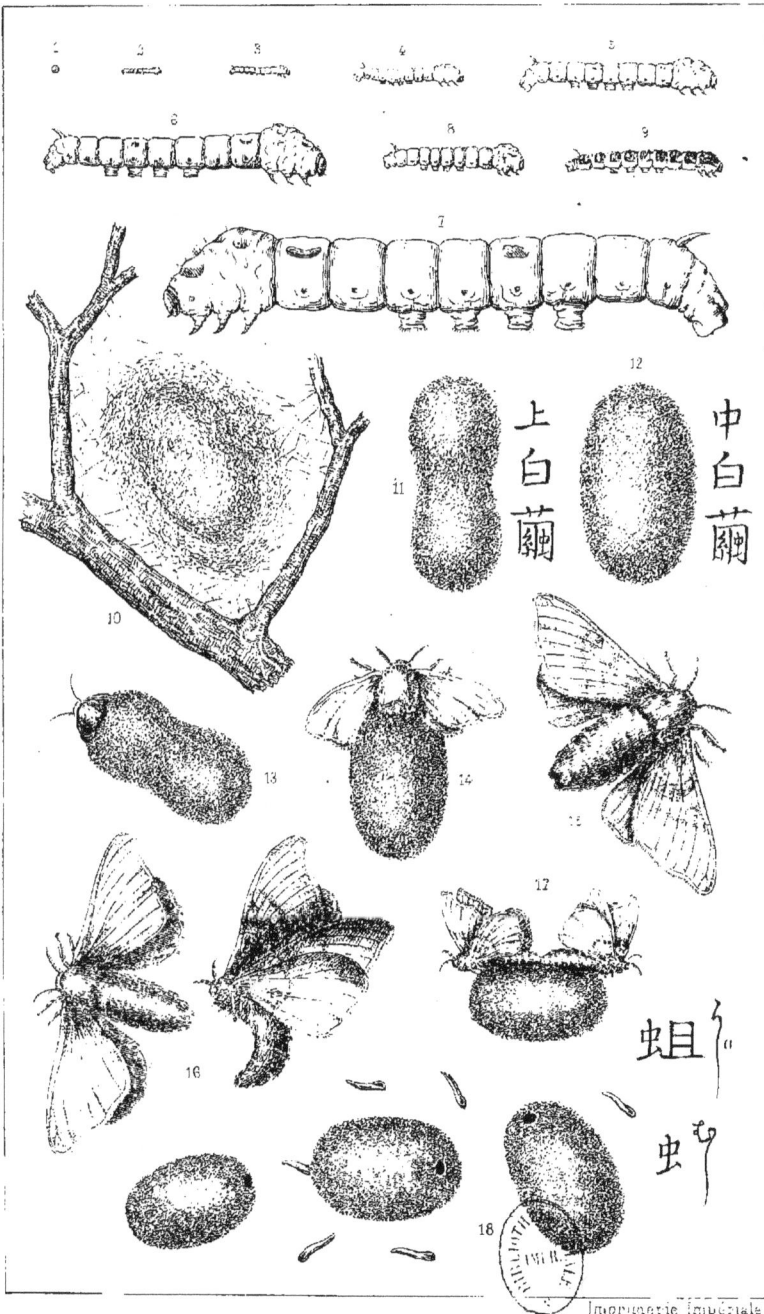

中白繭

上白繭

蛆

蚮

1-7 Vers à soie aux différents âges _ 8. Siro-kaïko, ver à soie blanc. _ 9. Kouro-kaïko, ver à soie noir
10. Cocon en voie de formation _11. Cocon supérieur _ 12. Cocon moyen _ 13-14 Papillons sortant des cocons
15 Papillon du Bombyx Mori _16. 17. Accouplement de papillons _18 Vers ouzi sortant des cocons (Voy. p.14).

Fig. 1.

Fig. 2.

Fig. 3.

Fig. 4.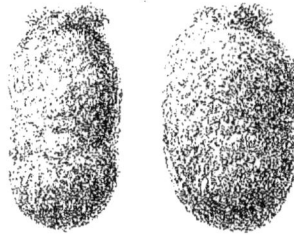

Fig. 5.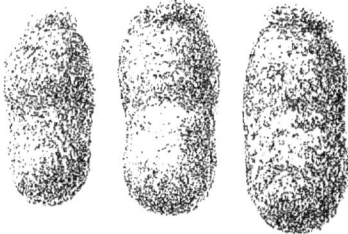

Fig. 6.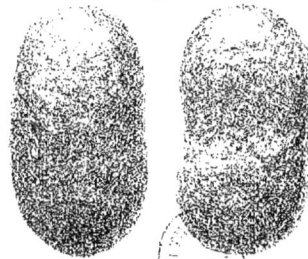

Imprimerie Impériale.

COCONS JAPONAIS

Fig. 7.

Fig. 8.

Fig. 9.

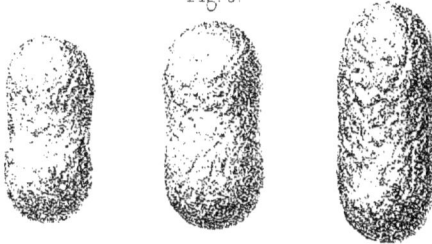

Fig 10.

Fig 11.

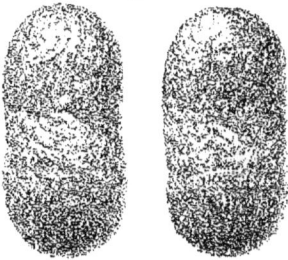

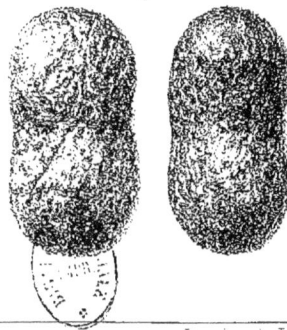

Imprimerie Impériale.

COCONS JAPONAIS.

Carton de graines de vers à soie. *(Recto).*

(Réduction de moitié).

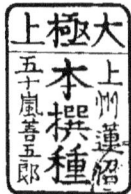

Le Ministre Plénipotentiaire
de France au Japon.

Imprimerie Impériale

Carton de graines de vers a soie. (Verso).

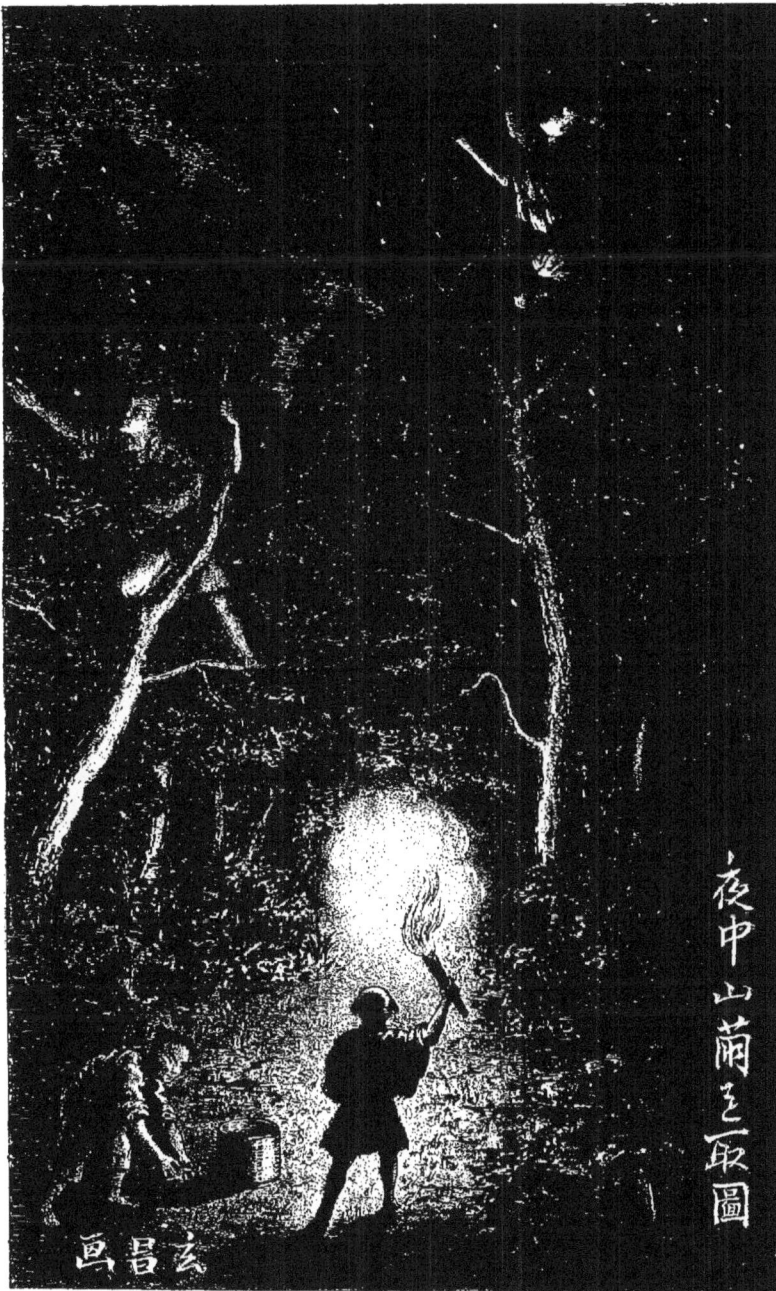

夜中山繭ヲ取圖

玄昌画

imprimerie impériale.

Récolte des cocons du ver à soie des montagnes (yama-mayou)
pendant la nuit.

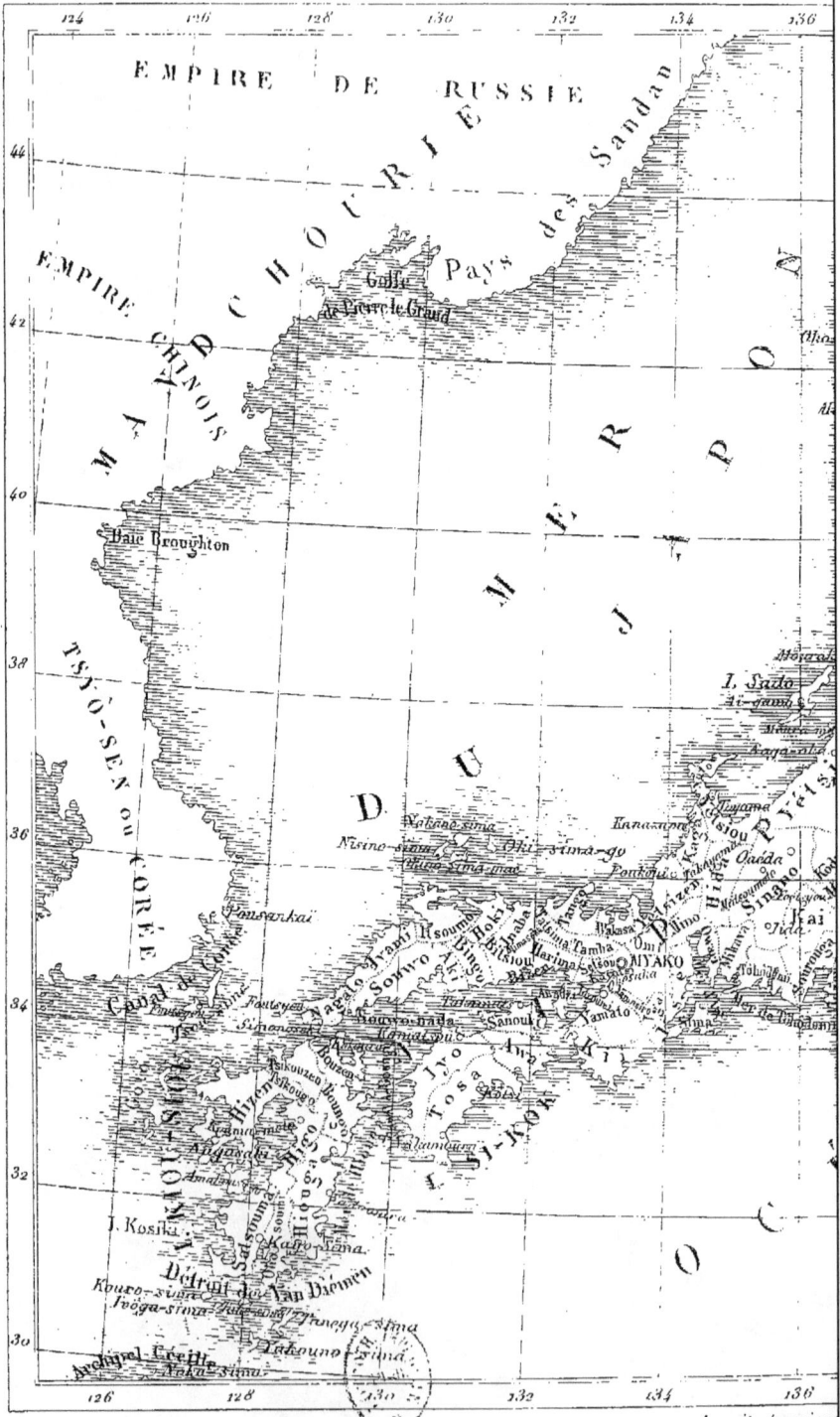

EMPIRE DE RUSSIE

MANDCHOURIE

Pays des Sandan

EMPIRE CHINOIS

Golfe de Pierre le Grand

Baie Broughton

TSIO-SEN ou CORÉE

MER DU JAPON

NIPON

I. Sado

D

Nakane-sima
Nisino-sima   Oki-sima-go
Nisino-sima-mai
Kanazawa

Ponsankai

Canal de Corée

Nagato Iyami Itsoumi Hoki
Souwo Aki Bingo Bitsiou
Idsoumo Tamba Omi
Harima Settsou MIYAKO

Sinonoseki

Tsikouzen Nagato
Hizen Bougo   Tsikougo
Abukouli
Higo Satsouma
Amakusa Hivo Tosa Awa
I. Kosiki Kouro-sima
Détroit de Van Diemen
Kouro-sima
Ivoga-sima Tanega-sima
Takouno-sima

Archipel Cécille
Naka-sima

OCÉAN

Détroit de la Pérouse

MER D'OKOTSK

Pays des Aïnos

Latitude de Montauban. 44

Latitude de Rome. 42

Latitude de Brousse. 40

Latitude de Palerme. 38

Latitude de Malte. 36

OCÉAN PACIFIQUE

NI P P O N

le Strogonof

Cap an Bay
Hakodadi
Sangar
Tsongar
Yamboa
Akita
Morioka
Senda
Yonésawa
Niran-matsou
Sirakawa
Hitati
Simoso
Yokohama
Meacous

CARTE

DU JAPON

pour servir à l'intelligence

DU TRAITÉ DE LA CULTURE DES MÛRIERS

et de l'éducation des vers à soie

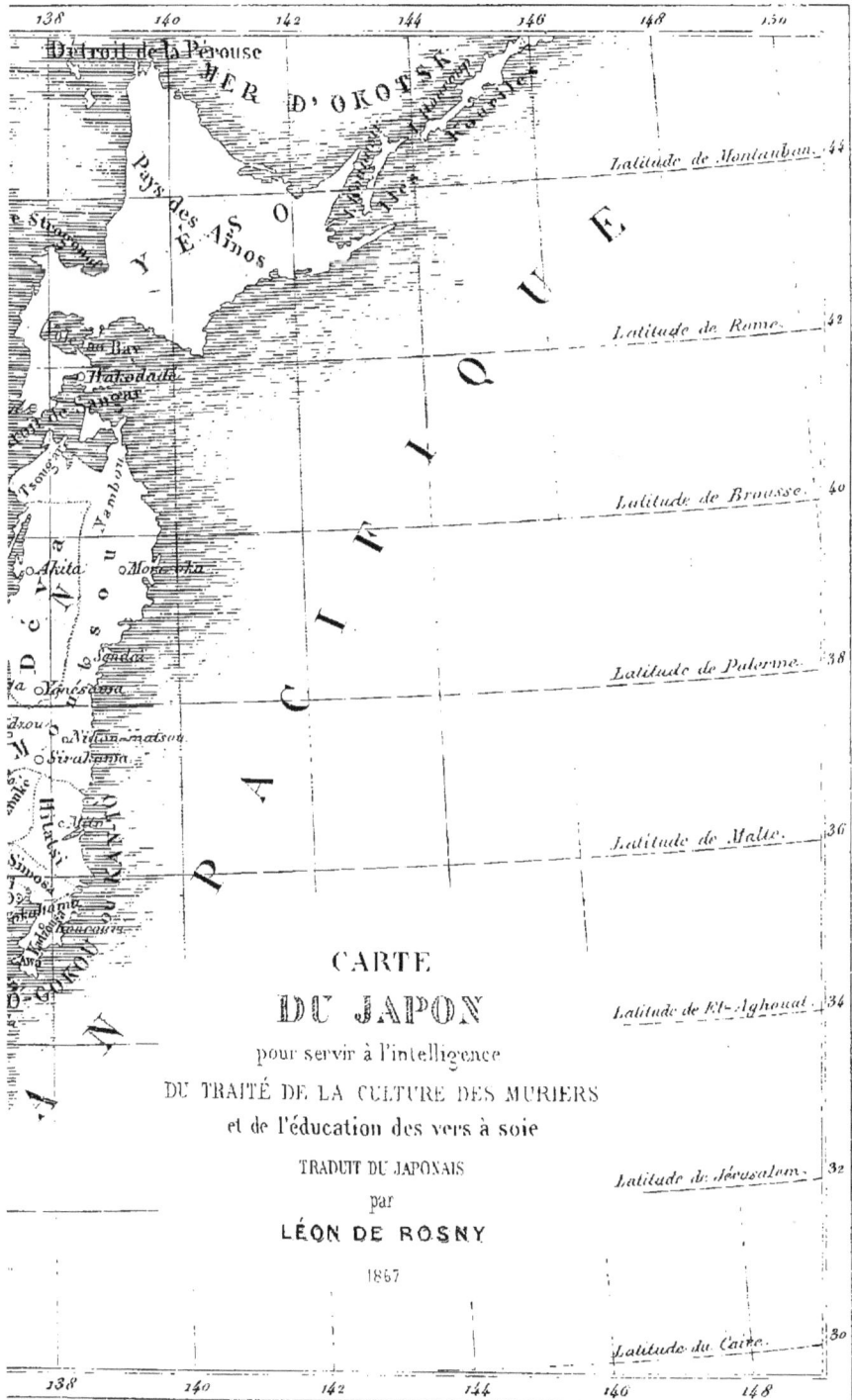

TRADUIT DU JAPONAIS

par

LÉON DE ROSNY

1867

Latitude de El-Aghouat. 34

Latitude de Jérusalem. 32

Latitude du Caire. 30

s. méridien de Paris.

I. SADO

MER

SI-MO-DZOKÉ

G O

BAIE DE SEN-DAI

G R A N D   O C É A N   P A

Naga-oka

Niigata

Moura-matsou

Sibata

Aidzou-Nakamatsou

Nakayama

Sendai

Iwaki-no-daïra

Nakamoura

Kouroki

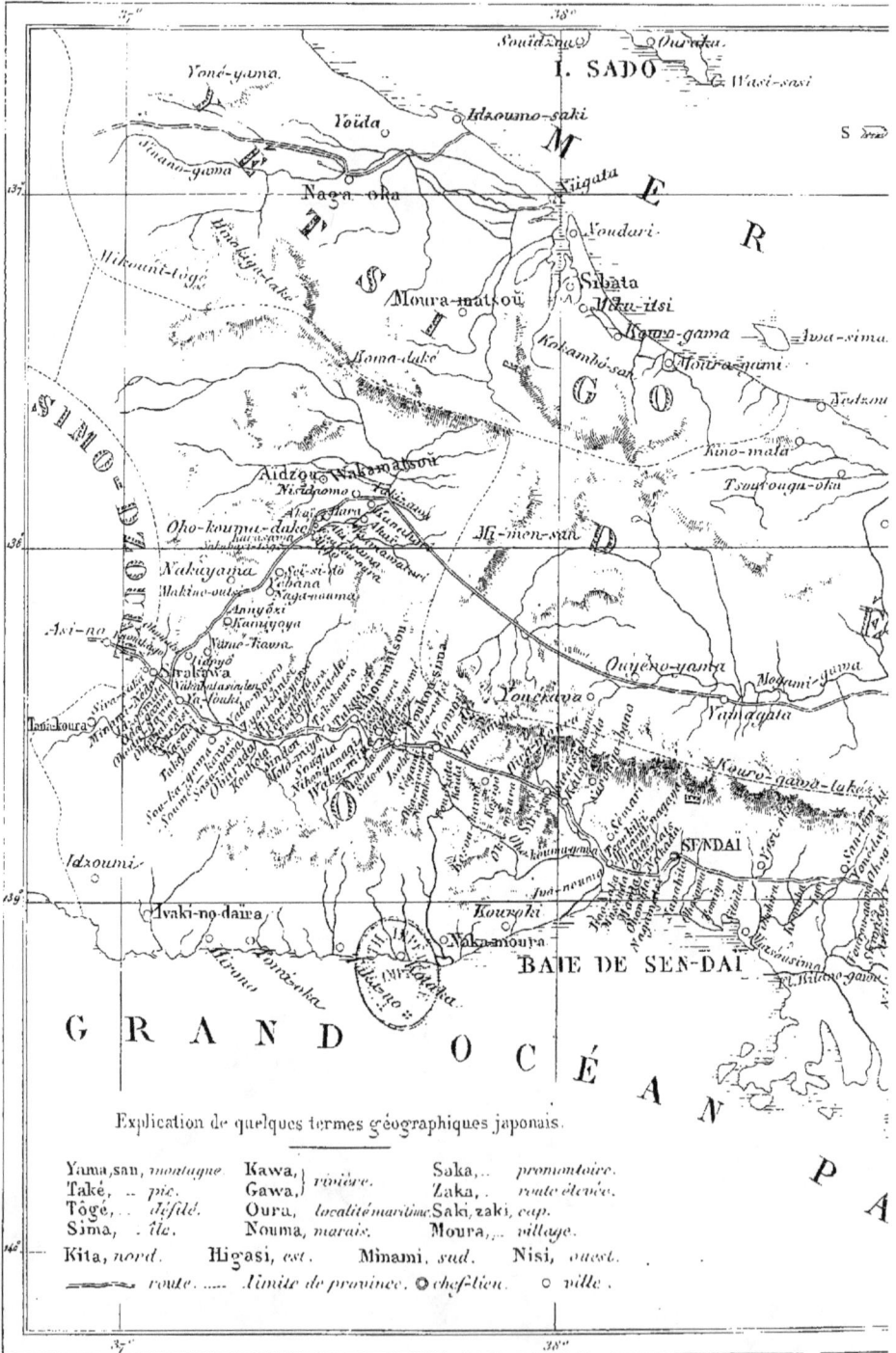

Explication de quelques termes géographiques japonais.

Yama, san, *montagne*	Kawa,	*rivière.*	Saka,...	*promontoire.*	
Také,.. *pic.*	Gawa,		Zaka,.	*route élevée.*	
Tôgé,... *défilé.*	Oura, *localité maritime*	Saki, zaki, *cap.*			
Sima, *île.*	Nouma, *marais.*	Moura,... *village.*			

Kita, *nord.*   **Higasi,** *est.*   **Minami,** *sud.*   **Nisi,** *ouest.*

━━━ *route.*   ...... *limite de province.*   ◉ *chef-lieu.*   ○ *ville.*

Pl. XXIV *et dernière*.

CARTE ROUTIÈRE
DE
LA PROVINCE D'ÔSYOÛ
(MOUTSOU)

pour servir à l'intelligence
du Traité de la culture des muriers
et de l'éducation des vers à soie

TRADUIT DU JAPONAIS
par
LÉON DE ROSNY
1867

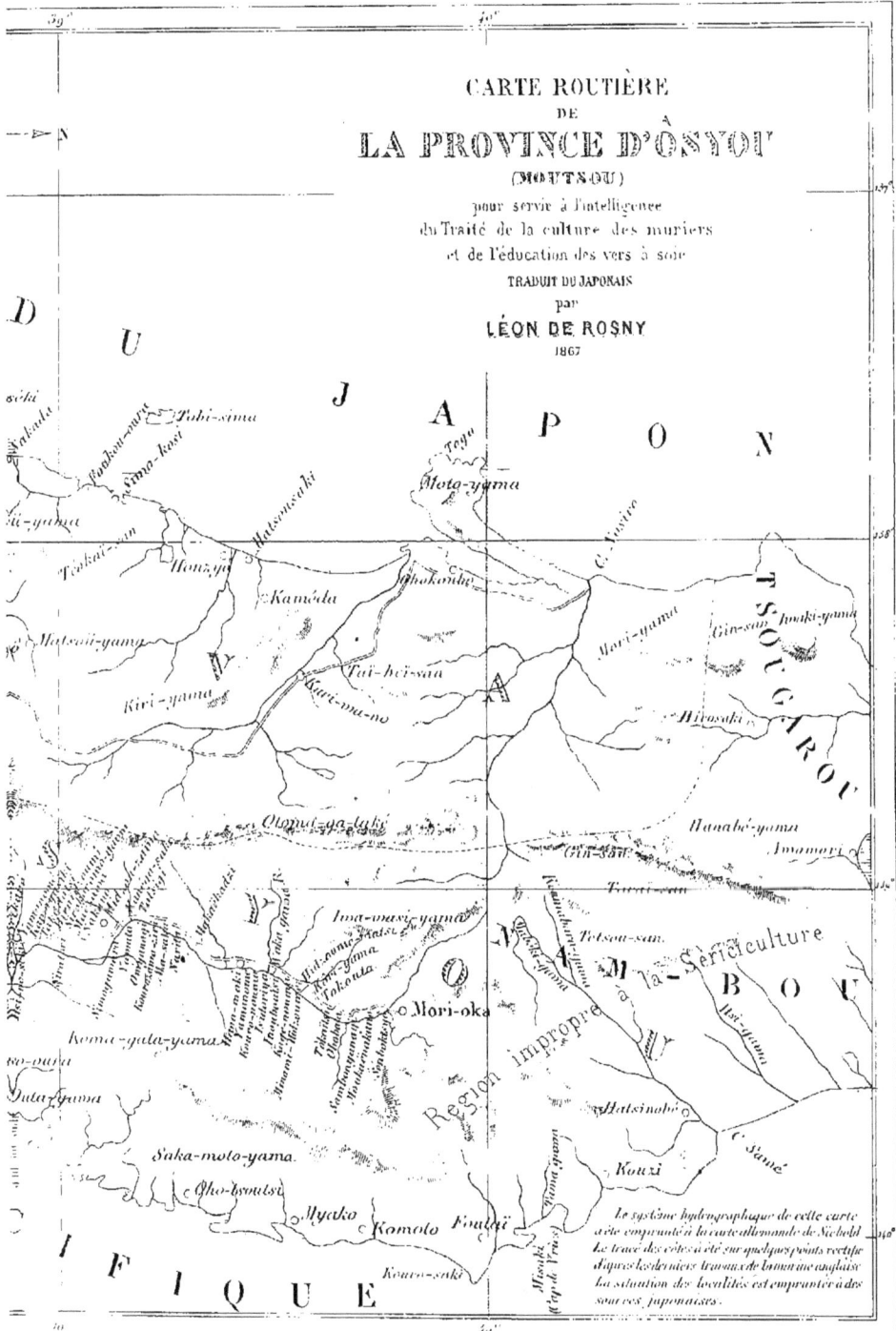

D U   J A P O N

Région impropre à la Sériciculture

*Le système hydrographique de cette carte
a été emprunté à la carte allemande de Siebold.
Le tracé des côtes a été sur quelques points rectifié
d'après les derniers travaux de l'amirauté anglaise.
La situation des localités est empruntée à des
sources japonaises.*

TSOUGAROU

NAMBOU

PACIFIQUE

INDEX

ET

TABLE ANALYTIQUE.

INDEX CHINOIS-JAPONAIS

—⊷⊶—

5ᵉ CLEF.

亂 *ran*, désordre.

丨 性

Rán-syŏ, nature désordonnée, nom de vers à soie, voy. p. 46.

29ᵉ CLEF.

段 *ka*.

丨 匹

Tan-mono, pièce d'étoffe.

丨 子

Don-sou, damas.

丨 絹 衣

Kosodé, vêtement de soie.

紅 丨

Momi, sorte d'étoffe légère de soie rouge pour doublure.

40ᵉ CLEF.

寒 *kan*, froid.

丨 暖 計

Kan-dan-heï, thermomètre, 53.

50ᵉ CLEF.

布 *fou*, toile.

On lit dans le *Hon-zŏ-kŏ-mokou* : « Il y a trois espèces de *fou* : le *ho* de chanvre (jap. *asa*), le *fou* de soie (jap. *kinou*), le *fou* de coton (jap. *momen*). Le signe *fou* est un signe idéographique à sens combinés, composé de l'image de la « main » et de celle de « étoffe ».

大 丨

Tá-póu, nom d'une espèce de soie (*Tsò-tch'ouen*).

40ᵉ CLEF.

63ᵉ CLEF.

63ᵉ CLEF.

扇 *sen* (jap. *ôgi*), éventail.

團 丨

Outsi-va, espèce d'écran, 52.

64ᵉ CLEF.

押 *kó* (jap. *osi*).

丨 切

Osi-kiri, hachoir pour les feuilles de mûrier, 52.

接 *setsoŭ* (jap. *tsoŭgi*), joindre, unir, greffer.

取 丨

Tori-tsoŭgi, nom d'un système de greffage, 34.

ナ ゲ 入 丨

Nagé-iré-tsoŭgi, autre système de greffage, 34.

丨 穗

Tsougi-ho, une bouture.

75ᵉ CLEF.

枚 *ken* (jap. *soŭki*), bêche, 50.

杷 *ha*, rateau.

耖 丨

Magou-va, sorte de herse pour briser les mottes de terre.

桑 *só* (jap. *kwa*), mûrier. Voy. pour les diverses espèces de mûriers, p. 7.

丨 卜 リ 梯

Kwa-tori-hasigo, échelle pour recueillir la feuille de mûrier, 52.

根 *kon* (jap. *né*), racine.

丨 桑

Né-gwa, mûrier en buisson, 26.

壓 *yen* (jap. *no-gwa*), mûrier sauvage.

丨 桑

Mûrier sauvage.

丨 絲

Soie.

93ᵉ CLEF.

犁 *Reï* (jap. *kara-soŭki*), charrue, 49.

118ᵉ CLEF.

筵 *yen* (jap. *mousiro*), natte, estère, 53.

篲 *siou* (jap. *bavaki*), balai.

手｜

Té-bavaki, époussetoir, 52.

羽｜

Ha-bavaki, plumeau, 52.

箕 *ki* (jap. *mi*), van, 52.

唐｜

Tó-mi, ventilateur, 53.

籔 *syó* (jap. *toosi*). crible, 51.

120ᵉ CLEF.

糸 *béki* (jap. *ito*), fil.

2 traits.

糾 *kiou,* corde formée de trois cordelettes.

｜繩

Kiœou-mĕh', fils retors.

3 traits.

紈 *gwan,* soie unie.

冰｜

紀 *ki,* fils séparés ou divisés; — fil (jap. *ito-soudzi*); — bout d'un fil (jap. *ito-goutsi*).

紅 *kô* (jap. *akasi*), rouge.

120ᵉ CLEF.

4 traits.

紆 *ou,* corde, lier, envelopper.

紇 *ketsoŭ,* soie grossière.

紂 *si,* couleur noire.

紉 *zin,* fil, fil de soie (jap. *ito-soudzi*).

4 traits.

紗 *su,* gaze.

縮｜

Tsiri-men, crêpe.

皺｜

Idem.

｜帽

Tó-kammoui, bonnet de gaze (noire).

｜綾

Sa-rin, sorte de soie très-fine.

｜機

Idem.

花 縮｜

Mou-tsiri-men, crêpe à fleurs.

方目 丨

Mozi, sorte de gaze légère et transparente.

素 *so*, soie blanche; blanc (jap. *sirosi*).

光 丨

Néri ou *noumé*, soie lustrée.

丨 紬

Riou-mon, tissu de soie.

丨 綢

Idem.

分 丨

Idem.

綾 丨

Noumé-rinsou, espèce de taffetas.

紁 丨

Kinou, soie.

丨 緞

Sorte de soie.

袢 *fiou*, habits de soie blanche.

紅 *tei*, rebut de la soie.

絎 *ben*, *men*, soie fine.

紟 *lin*, espèce de soie, ceinture (jap. *obi*).

絰 *sin*, soie à tisser (jap. *hata-no ito*).

紛 *boun*, ruban étroit de plusieurs couleurs.

斜 *kiou*, soie jaune.

紙 *si*, soie noire (jap. *kouroki-ito*).

絞 *boun*, texture de la soie, ornements d'une soie tissée ou brodée. — Marques tissées sur les vêtements des Japonais en guise d'armoiries.

織 丨

Tisser avec des ornements.

絞 縮 緬

Mon tsiri-men, crêpe à fleurs.

丨 紗

Mou-sya, gaze à fleurs.

緑 *ló*, soie verte ou jaune.

5 traits.

紬 *tsiou* (jap. *saya*), taffetas; soie filée.

｜絲

Saya, taffetas.

｜緞

T'ch'œou toüan, soie en général.

溫｜

Saya, taffetas.

潞｜

Idem.

花｜

Mon-zaya, taffetas à fleurs.

絮 *zyo*, soie de rebut, soie grossière.

｜衣

Kosodé, habit, vêtement de soie.

紬 *syoutsoü*, soie rouge (jap. *akaki ito*).

緓 *ha*, fil de soie.

水｜

Soui-ha, étoffe de soie couleur d'eau.

紨 *fou*, soie grossière.

紫 *si*, soie pourpre.

絁 *si*, fil fin (jap. *hoso-ito*); tissu de soie filée (jap. *tsoümougi*).

綾｜

Ling-chi, espèce de soie.

紕 *saï*, rayures de la soie.

紳 *sin*, grande ceinture de soie (jap. *oho-obi*).

絎 *tsyo*, chanvre (jap. *asa*).

｜絲

Syou-sou, satin.

絲 *si*, fil de soie provenant du Bombyx du mûrier.

烏｜襴

Kouro-zima-donsou, espèce de damas à raies noires.

金｜布

Sya-kin, soie d'or.

八｜緞

Syou-sou, sorte de satin.

120ᵉ CLEF.

—

5 traits.

七 |

Syou-sin, espèce de vêtement de soie.

胡 |

Siro-ito, soie blanche.

6 traits.

絨 *zyou* (jap. *birôdo*), velours; soie cuite (jap. *néri-ito*).

織 |

Idem.

剪 |

Idem.

天鵝 |

Idem.

絾 *syok*. Voy. 織.

絛 *tô*, soie plissée, sorte de frange.

絧 *syoú*, soie préparée d'une façon particulière pour faire une couverture ou un drap mortuaire.

絫 *si*, dévider (jap. *ito-kourou*).

絼 *yeki*, fils de soie.

綾 *kô*, soie jaune foncé.

絿 *syou*, soie rouge.

絍 *zin*, faire un tissu de soie; tisser.

絓 *kwa*, soie grossière provenant du rebut des cocons; filet de soie.

統 *kwô*, soie fine provenant des cocons; coton soyeux.

絡 *béi*, soie fine.

絣 *fô*, taffetas.

絑 *baï, maï*, sorte de broderie ou de tissage ayant l'aspect de grains de riz.

絩 *tô*, soie de plusieurs couleurs; numérale de soies brodées.

絮 *zyô*, soie grossière provenant du rebut des cocons.

絳 *siou*, rouge intense.

7 traits.

語 *gyo*, soie.

絇 *yakoŭ*, soie blanche (jap. *siroki-kinon*).

絻 *taï* (jap. *hosoki tsoŭmongi*), tissu de soie fine et filée.

絹 *seó*, soie grossière.

繸 *tó*, franges d'une bannière.

經 *keï*, *kyó*, tisser (jap. *orou*).

│綸 Tissu de soie.

綢 *kon* (jap. *orou*), tisser.

織 *seï*, tisser (jap. *orou*).

繭 *ken*, cocon de ver à soie. Caractère archaïque pour 繭·

縫 *hó*, coudre.

│帛 *Momi*, étoffe de soie rouge.

綈 *teï*, *tuï* (jap. *tsoŭmougi*), tissu de soie filée.

絹 *ken* (jap. *kinou*), soie en général.

Suivant le *Hon-zôkô-mokoŭ*, la soie écrue se dit │, et la soie cuite 練·

│帛 *Kem-pou*, soie.

紗│ *Sa-ken*, gaze de soie.

色│ *Iro-ginou*, soie de couleur,

紬│ *Kinou-tsoŭmougi*, tissu de soie filée.

細│ *Hoso-kinou*, soie légère.

纐文│ *Kanoko-kinou*, soie crispée avec des dessins conservés en blanc.

熟│ *Néritarou-kinou*, soie cuite.

白│ *Siro-ginou*, soie blanche.

8 traits.

綃 *ikoŭ*, soie qui a une chaîne bleue et une trame de couleur claire.

緇 *si*, soie noire ou de couleur foncée.

絳 *sen*, *sò*, *seï* (jap. *akané*), coton rouge teint avec la plante 茜草 ─ Couleur d'azur (*asa-gi*). ─ Tisser la soie.

120ᵉ CLEF.

8 traits.

縋 *ta*, espèce de soie.

｜子綾

Idem.

綬 *zyou*, *sion* (jap. *houmi-ito*), sorte de ganse de soie.

綷 *seó*, espèce de soie.

絣 *fó*, soie sans broderies.

綢 *tsiou*, soie en général; taffetas (jap. *saya*).

｜緞

Soie.

花｜

Tobizaya, soie à fleurs.

綾 *ryó* (jap. *aya-kinou*), satin broché.

｜子

Sorte de damas de soie.

｜�

Soie lustrée.

繪｜

Soie à reliefs.

花｜

Mon-rinsou, sorte de damas de soie à fleurs.

光｜

Noumé-rinsou, taffetas éclatant.

綿 *men*, *ben* (jap. *wata*), coton, ouate.

蚕｜

Ma-wata, bourre de soie.

｜紗線

Momen-ito, fil de coton.

綠 *ryok*, *rok*, soie verdâtre.

絅 *a*, soie fine.

綺 *ki* (jap. *aya-rinsou*), soie quadrillée.

綦 *ki*, *gi*, soie de plusieurs couleurs. ‖ Soie mélangée (*mazivarou-kinou*).

縶 *keï*, plisser de la soie, drapeau de soie brodée.

緋 *fi* (jap. *akaki néri-ginou*), soie rouge cuite.

綸 *rin* (jap. *awoki-koumi-mono*), tissu de tricot bleu.

9 traits.

緜 *men, ben,* soie fine et belle, satin. ‖ Syn. de 綿.

縜 *tsyó,* fils de soie.

複 *fou, fiou, foukoŭ,* soie (jap. *kinon*).

絹 ▏

Espèce de soierie.

緞 *tónan*, sorte d'étoffe de soie.

紬 ▏

Tch'aóu-tónan, soie en général.

▏子

Don-sou, damas de soie.

閃 ▏

Idem.

縲 *dziou,* soie de plusieurs couleurs ; sorte de gaze de soie.

綯 *kwa* (jap. *awo-mowrasaki*), bleu violacé.

練 *ren,* faire bouillir les cocons de façon à défiler

aisément la soie ; faire bouillir la soie pour la teindre. ‖ Voy. 絹 .

錦 ▏

Pièce de brocart.

緬 *ben, men,* fils de soie.

縻 *bo,* soie.

▏總

Mwóu-ts'ŏung, espèce de soie mince.

緒 *kai* (jap. *foutouki-ito*), gros fil, soie de plusieurs couleurs.

綱 *sŏó,* soie grossière. ‖ Syn. de 絹.

縹 *myó,* soie jaune clair de la couleur des jeunes pousses de mûrier.

▏縹

Soie de couleur jaune et bleu clairs.

緒 *syo,* le bout d'un fil de soie extrait d'un cocon ; — cordon (jap. *o*).

120ᵉ CLEF.

9 traits.

纏 *tô*, soie.

丨子絹

T'äh-tszè-kiouen, espèce de soie.

總 *ts'ōung*, soie bleu clair; numérale des fils de soie.

丨絹

Tsōung-kiouen, soie bleue.

絹 *i*, soie. ‖ Ne pas confondre avec 繢 *tsiou*.

10 traits.

纕 *saï* (jap. *iro*), habit de deuil.

墨丨

Vêtement de deuil.

縉 *sin*, soie rouge.

纁 *sen*, soie orangée.

縓 *tan*, soie couleur de colombe.

縔 *so*, soie grossière.

縞 *hô* (jap. *siroki néri-kinou*), soie blanche cuite.

縟 *zyô*, ornements de soie.

縞 *kakoŭ*, soie grossière.

緋 *hi*, soie.

11 traits.

縱 *syô*, *zion*, *só* (jap. *mozi*), sorte de filet de soie pour par-dessus.

繅 *só*, enlever la soie d'un cocon.

縿 *san* (japonais: *katori-ginou*), sorte de gaze de soie.

縹 *feo*, soie bleu de ciel.

縵 *ban*, *man*, étoffe de soie ni brodée ni brochée.

繄 *ryakoŭ*, espèce de soie.

12 traits.

繪 *syô*, *só* (jap. *kinou*), étoffes de soie; terme générique.

繎 *den*, rayures de la soie.

繏 *sen*, espèce de soie venant de l'Occident.

繁 *hĕi*, soie mauvaise (jap. *asiki-kinou*).

繆 *bokoŭ*, *mokoŭ*, soie.

繕 *zen*, manufacture de soie.

織 *syokoŭ* (jap. *orou*), tissage, tisser.

｜文

Ori-mon, dessins tissés dans la soie.

13 traits.

纕 *yokoŭ*, ruban; soie rouge avec un liséré jaune.

繭 *ken* (jap. *kaïko-no-mayoŭ*), cocon de ver à soie.

繁 *syakoŭ*, fils de soie grossière. Syn. de 緻.

繿 *rô*, étoffes de soie.

繛 *kin*, soie. ‖ Teinture bleue (jap. *aï-zomé*).

總 *sô* (jap. *awokoŭ-siroki-kinou*), soie bleutée.

繰 *sô*, soie pourpre. Syn. de 繰.

絆 *hakoŭ*, *hyakoŭ*, tisser des rubans de soie. ‖ Ceinture (jap. *obi*).

羸 *ra*, fils de soie tissée. ‖ Satin broché (jap. *aya*).

繿 *reĭ*, soie.

繊 *ren*, soie, franges d'un drapeau. ‖ Sorte de gaze de soie (jap. *hatori*).

14 traits.

纏 *bou*, *mou*, soie de rebut des cocons.

繻 *syou* (jap. *ousoŭ-ginou*), soie mince, soie de couleurs mélangées.

｜子

Syousou, sorte de taffetas.

網 *zi*, soie (jap. *kinou*).

繿 *koun*, rouge, rouge clair (jap. *akasi*, *ousoŭ-akasi*).

｜帛

Momi, étoffe légère de soie rouge pour doublure.

15 traits.

繰 *yakoŭ*, *syakoŭ* (jap. *iro-ito*), soie de couleur.

繿 *kwá*, soie finement tissée.

白｜

Wata, coton, ouate.

繂 *ritsoŭ*, soie.

繿 *i*, étoffe de soie.

繰 *saï*, *satsoŭ* (jap. *ousoŭ-gi-*

non), soie mince, espèce
de taffetas léger.

17 et 18 traits.

纖 sen, soie fine.

繪 yakoŭ, fils, fils de soie.

纚 si (jap. mozi), sorte de filet
de soie pour par-dessus.

23 traits.

纜 teó, numérale de la soie.

140ᵉ CLEF.

苗 beô, meó (jap. nayé, naï),
pousse des plantes.

桑 |

Kwa-nai, pourettes de mûriers,
15.

蕢 ki (jap. azika), panier pour
recueillir la feuille de
mûrier, 53.

薦 Sen (jap. komo), natte de
paille, 53.

142ᵉ CLEF.

蚕 ten (vulg. san) (jap. kaïko),
vers à soie. Syn. vulg. de

蚨 .

| 籠

Kaïko-kago, panier ou plateau

pour recevoir les vers à soie,
53.

| 架

Kaïko-tana, supports de plateaux
de vers à soie, 53.

143ᵉ CLEF.

蚢 kô, vers à soie de l'armoise
(jap. yomogi-no kaïko).

蚸 beô, meó, vers à soie nouvellement éclos.

蚓 in, ver à soie qui com-
mence à filer.

蚛 foŭ, ver à soie qui dort.

蛾 ga, papillon du ver à soie.

蟊 ga. Syn. de 蛾 .

蛹 yó, chrysalide du Bombyx
mori.

蜸 ken, ver à soie.

蚛 tsyó, ver à soie retarda-
taire.

蛬 keï, ké, chrysalide du ver à
soie du mûrier.

蝶 tsyó, papillon. ‖ Voy. une
série de transcriptions de
ce signe en écriture cur-
sive japonaise, p. 129.

蝹 *gou*, ver à soie.

丨子

Hiu-tsëě, jeune ver à soie.

蠺 *syó*, ver à soie de mûrier.

蠐 *kyó*, *kó*, ver à soie qui devient blanc et meurt.

蠺 *yó*, ver à soie.

蟄 *teï*, *dzyó*, ver à soie qui dort une seconde fois (jap. *fouta abi-némonron-kaïko*).

蠇 *reki*, ver à soie sauvage (jap. *no-guïko*).

蠶 *san*, ver à soie.

蠺 *san*, ver à soie. Voy. p. x.

蠺 *yó*, ver à soie.

袋 *tai* (jap. *foukouro*), sac.

紙丨

Kami-no-foukouro, sac de papier, 54.

襴 *rau*, vêtement léger pour l'été (jap. *katabira*).

花丨

Kin-ran, étoffe de soie.

道 *dó*, voie, moyen.

丨具

Dó-gou, instruments, ustensiles, 49.

金 *kin*, métal (jap. *kané*); or (jap. *ki-gané* « métal jaune »).

銅 *tó*, cuivre (jap. *aka-gané* « métal rouge »).

銀 *gin*, argent (jap. *siro-kané* « métal blanc »).

錦 *kin*, étoffe tissée de soie et d'or (jap. *nisiki*).

鋤 *syó* (jap. *kwa*), binette, 50.

鐙丨

Aboumi-kwa, espèce de binette, 50.

鎌 *ren* (jap. *kama*), sorte de serpe ou faucille, 51.

薙草丨

Kousa-kami-gama, espèce de petite faux à main.

167ᵉ CLEF.

鍫 *seó* (jap. *soŭki*), bêche, 5o.

鐵 *letsoŭ*, fer (jap. *konro-yané* « métal noir »).

鎛 *hakoŭ* (jap. *sabitsoŭyé*), es-pèce de binette, 5o.

鑊 *kwakoŭ* (jap. *hwa-oho-soŭgi*), binette, 5o.

204ᵉ CLEF.

黹 *tsi*, broder, coudre, faire des vêtements.

黺 *foun*, broder (jap. *irodorou*); broderie (jap. *irodori*).

TABLE ANALYTIQUE.

B

mendement de leurs terres, 90.

Bâtonnets pour faire tomber des cartons les vers nouvellement éclos, 52.

Bengale. Introduction de la sériciculture au —, XXIII. ‖ Soieries célèbres du —, XXIV. ‖ Le ver à soie est introduit du — dans l'Assam, XXV.

Berceau de la sériciculture dans l'ancienne Chine, VII.

Bible. Si la soie est mentionnée dans la —, XLI.

Bien-hoa, province de la Cochinchine. Étoffes de soie de —, XIII.

Birôdo, velours, en japonais. Origine de ce nom, XVIII.

Bivoltins (Vers à soie). —, 75. ‖ —élevés au Japon, 125, 162.

Bois. — du mûrier, ses qualités, sa couleur, son emploi au Japon, 85. ‖ Inconvénients des ustensiles en — neuf pour les vers à soie, 49.

Bois à brûler. On ne doit employer que du — pour le chauffage des magnaneries, 68.

Βομβύκια, la bombycine, XLIII.

Boue des rues employée pour l'amendement des terres au Japon, 88.

Boukhara. Soieries de —, XXXII.

Bou-syou, province du Japon, 17.

Branches touffues de mûriers, 29.

Broussonetia papyrifera. Son emploi pour la fabrication des cartons japonais, 123.

Buissons (Mûriers en), 26.

C

Cachemires de soie de Kachan, XXXV.

Camphre. Effets du — sur les vers à soie, 43.

Canton. Les Arabes et les Persans se rendaient à — pour le commerce de la soie, XXXVIII.

Caractères idéographiques chinois exprimant le mot « soie », VIII. ‖ — variés dans lesquels sont écrites les inscriptions des cartons de graines de vers à soie japonais, 130.

Cartons de graines de vers à soie. Forte adhésion des bonnes graines aux —, 44. ‖ 15,000 — sont offerts par le syôgoun à l'empereur des Français, 119. ‖ Anciens — japonais achetés dans le but de tromper les sériciculteurs, 122. ‖ Comment sont fabriqués les — au Japon, 123. ‖ — pour les qualités supérieures, 124. ‖ Nombre de graines que supportent les — du Japon, 124.

F

G

H

G

H

I

J

K

Kago-sima. Manufacture de soieries à —, LII.

Kaï, province du Japon, 38.

Kaïko-kago, plateau pour les vers à soie, 53.

Kaïko-tana, supports de plateaux, 53.

Kama, sorte de petite faux à main, 24, 50.

Kamboge. La sériciculture au —, XIV.

Kamigaki-Morikouni, auteur d'un ouvrage japonais sur les vers à soie, LX.

Kamino-foukouro, sacs de papier pour la graine de vers à soie, 54.

Kan-dan-keï, thermomètre, 53.

K'an-fou, port où les Arabes s'approvisionnaient de tissus de soie, XXXVIII.

Kan-goï, fumier des froids, sorte d'engrais pour les mûriers, 25. ‖ Voy. Engrais.

Kanséya, nom indien de la soie, son étymologie, XIX.

Kan-tô. Provinces du Japon désignées sous le nom de —, 15. ‖ Procédé usité dans le — pour y faire faire les cocons des vers, 72. ‖ Ce qu'on appelle ouzi dans le —, 74.

Kasiva. Vers à soie nourris au Japon sur l'arbre appelé —, 156.

Kata-natsoŭ, vers à soie printaniers, 75. ‖ Voy. Polyvoltins.

Kei-sô, mûrier épineux, 8.

Kemkhoŭâb, satins brochés de l'Inde, XXIV.

Ken, mesure japonaise; son équivalent métrique, 23.

Khivie. Manufactures de soieries de la —, XXXI.

Khokand. Soieries de —. XXXII.

Kim, espèce de soie légère de la Corée, XI.

King. Le pays de —, dans l'ancienne Chine, VIII.

Kin-ko, espèce de vers à soie, 75.

Kin-sô, mûrier doré, 84.

Kiou-siou, île du Japon où la civilisation indigène paraît avoir pris son essor, VIII.

Kip. Nom des soieries en coréen, XII.

Kiriou. Soieries fabriquées à —, 167.

Kiri-sima-yama, montagne du Japon, 39.

Ki-tsze introduit la sériciculture en Corée, X.

Ko-gwa, espèce de mûrier, 8.

Komo, sorte de natte de paille, 53.

Konthouri-mouga, sorte de ver à soie de l'Assam, sa nourriture, XXVI.

L

M

N

O

P

R

S

T

U

V

W

Waka-hiroumé, déesse qui présidait au tissage, suivant la mythologie japonaise, XLIV.

Waka-mousoubi-no kami, dieu qui enseigna l'art d'élever les vers à soie, suivant la mythologie japonaise, XLIV.

Wara-da, plateau de paille, 53.

Y

Yama-gwa, espèce de mûrier, 8.

Yama-mayou, vers à soie du chêne au Japon. Importance du —, supériorité de sa soie, 153. ‖ Éducations artificielles du —, 154. ‖ Provinces où se font les principales éducations du —, 155. ‖ Essences propres à la nourriture du —, 155. ‖ Élevage du — en pleine nature, 156. ‖ Récolte de cocons du —, dans les forêts, pendant la nuit, 157.

Yao (L'empereur) reçoit de ses vassaux un tribut de 300 pièces de soie, IV.

Yen. Le pays de — dans l'ancienne Chine, VII.

Yenghi-Ourgendj. Manufactures de soieries de —, XXXI.

Yoné-sawa. Célèbres soieries de —, 17, 169.

Yô-san-siu-setsoŭ. Nouveau traité de l'éducation des vers à soie; son auteur, LXI. ‖ Traduction du —, 1.

Yosi-ï, ville, 17. ‖ Soieries de —, 168.

Yu-koung, fameux chapitre du Livre sacré de l'Histoire, parle de l'éducation des vers à soie, IV.

Z

Zang. Vers à soie et soieries du —, XXVIII.

Zanthoxylon. Effet de l'odeur du — sur les vers à soie, 48.

Zen-kô-zi, ville et temple bouddhique, 18.

Zin-gò Gwô-gòu, impératrice du Japon. Faits relatifs à la soie, sous ce règne célèbre, XLV.

Zireh, sorte de tissu fabriqué avec des cocons foulés comme du feutre, XXXIV.

Zokoŭ-bonn, écriture vulgaire ja-

TABLE DES MATIÈRES.

228   TABLE DES MATIÈRES.

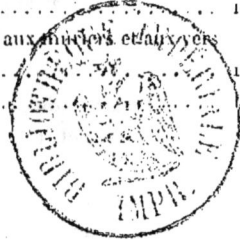

FIN.

CORRECTIONS.

Parmi les fautes qui ont échappé à notre attention, il nous a paru utile de signaler les suivantes que nous prions le lecteur de vouloir bien corriger :

P. xiv, note 3, ligne 4, au lieu de *gié*, lisez *gie*.

P. xiv, note 3, ligne 5, au lieu de *bach-qouiến*, lisez *bach-quouiến*.

P. xiv, note 3, ligne 6, au lieu de *gié-rách*, lisez *gié-ràch*.

P. xiv, note 3, ligne 8, au lieu de *lụa-dáy, lụa-dậou*, lisez *lụa-dày, lụa-d'ậou*.

P. xxxi, note 2, ligne 12, au lieu de *santchha*, lisez *santchba*.

P. xliv, note 1, au lieu de 孝 靈 天 皇, lisez 孝 靈 天 皇.

P. xlvi, note 1, ligne 5, au lieu de *tsina-ni*, lisez *sina-ni*.

P. lii, ligne 8, au lieu de *ouri-mono-zyo*, lisez *ori-mono-zyo*.

P. lix, ligne 22, avant le mot Paullownia, ajoutez le mot japonais *kiri*.

P. lix, l. 12, au lieu de *yama-mono*, lisez *yama-momo*.

P. 24, note 4, ligne 3, au lieu de *mazé-narou*, lisez *mazé-narasou*.

P. 51, ligne 3, au lieu de *ma-gwa*, lisez *magou-va*.

P. 96, ligne jap. 6, au lieu de ス コ シ ク lisez ス ク ナ ク.

P. 84, note 1, au lieu de キ *ki*, lisez ケイ *kei*.

P. 97, ligne 10, au lieu de *soukosikou*, lisez *soukounakou*.

16

CORRECTIONS.

P. 111, ligne jap. 2, au lieu de 葉 , lisez 葉 .

P. 112, ligne jap. 1, au lieu de 盛 , lisez 盛 .

P. 114. Quelques fautes se sont glissées dans la transcription eu caractères *kata-kana;* elles sont corrigées dans la transcription en caractères européens de la page 116.

P. 191, col. 1, ligne 10, au lieu de *fouta abi némourou*, lisez *fouta tabi-némourou.*

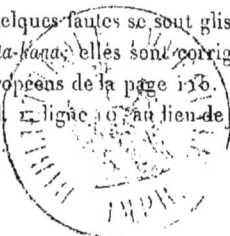

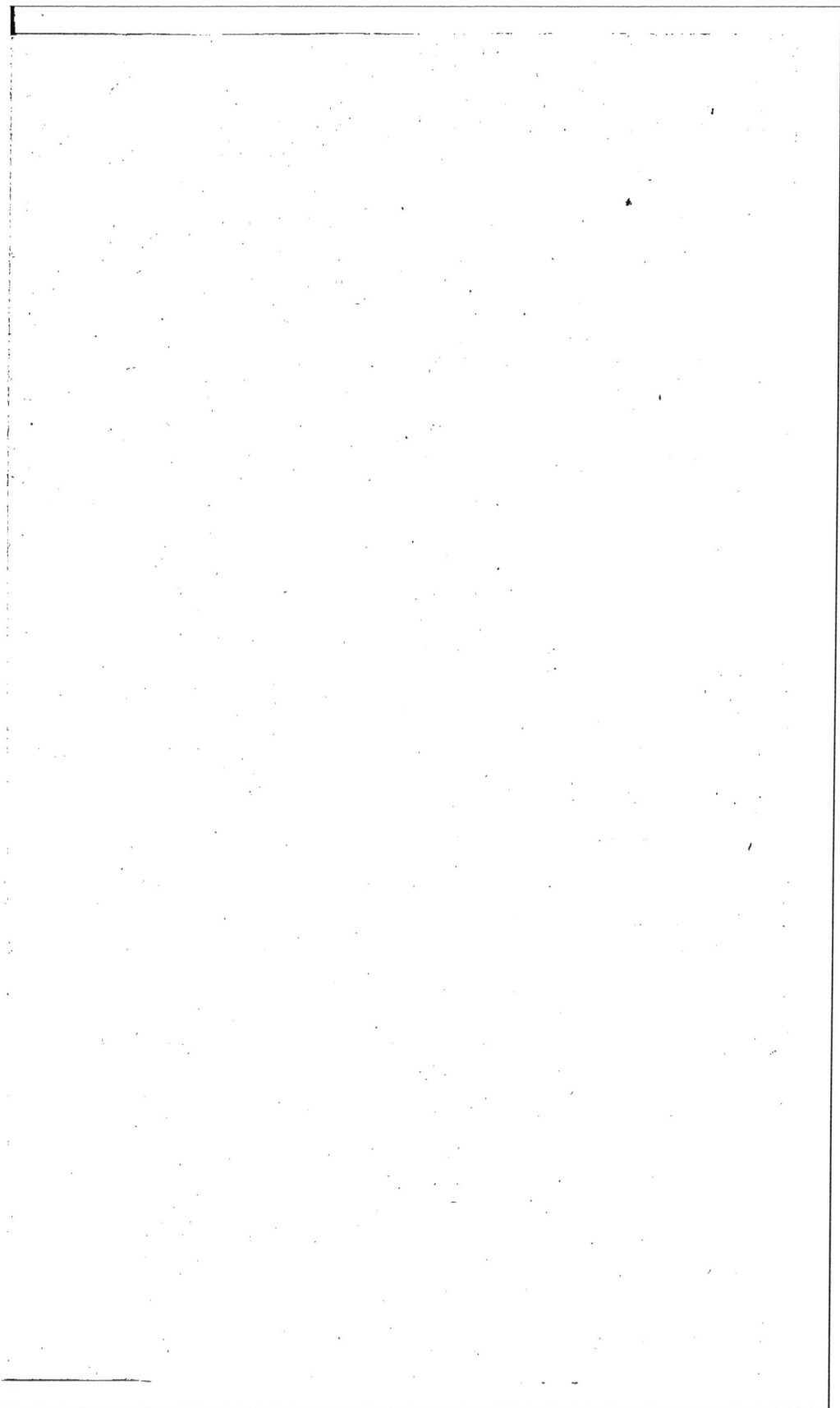